CHANYE ZHUANLI FENXI BAOGAO

产业专利分析报告

（第74册）——中药制药装备

国家知识产权局学术委员会◎组织编写

知识产权出版社
全国百佳图书出版单位
—北京—

图书在版编目（CIP）数据

产业专利分析报告. 第74册，中药制药装备/国家知识产权局学术委员会组织编写. —北京：知识产权出版社，2020.6

ISBN 978-7-5130-6933-5

Ⅰ.①产… Ⅱ.①国… Ⅲ.①专利—研究报告—世界 ②中草药加工设备—专利—研究报告—世界 Ⅳ.①G306.71②TH788

中国版本图书馆CIP数据核字（2020）第085304号

内容提要

本书是中药制药装备行业的专利分析报告。报告从该行业的（全球、中国）专利申请趋势、地域分布、法律状态、同领域领先企业的专利壁垒等方面入手，对该行业的关键技术进行系统的分析，给出了国内外代表性企业的专利概况，并且创新性地使用社会网络分析方法研究了核心技术的变迁趋势。本书是了解该行业技术发展现状并预测未来走向，帮助企业做好专利预警的必备工具书。

责任编辑： 卢海鹰　王瑞璞
责任校对： 谷　洋
执行编辑： 周　也
责任印制： 刘译文
封面设计： 博华创意·张冀

产业专利分析报告（第74册）

——中药制药装备

国家知识产权局学术委员会　组织编写

出版发行：知识产权出版社有限责任公司
网　　址：http://www.ipph.cn
社　　址：北京市海淀区气象路50号院
邮　　编：100081
责编电话：010-82000860转8116
责编邮箱：wangruipu@cnipr.com
发行电话：010-82000860转8101/8102
发行传真：010-82000893/82005070/82000270
印　　刷：天津嘉恒印务有限公司
经　　销：各大网上书店、新华书店及相关专业书店
开　　本：787mm×1092mm　1/16
印　　张：11.75
版　　次：2020年6月第1版
印　　次：2020年6月第1次印刷
字　　数：262千字
定　　价：60.00元

ISBN 978-7-5130-6933-5

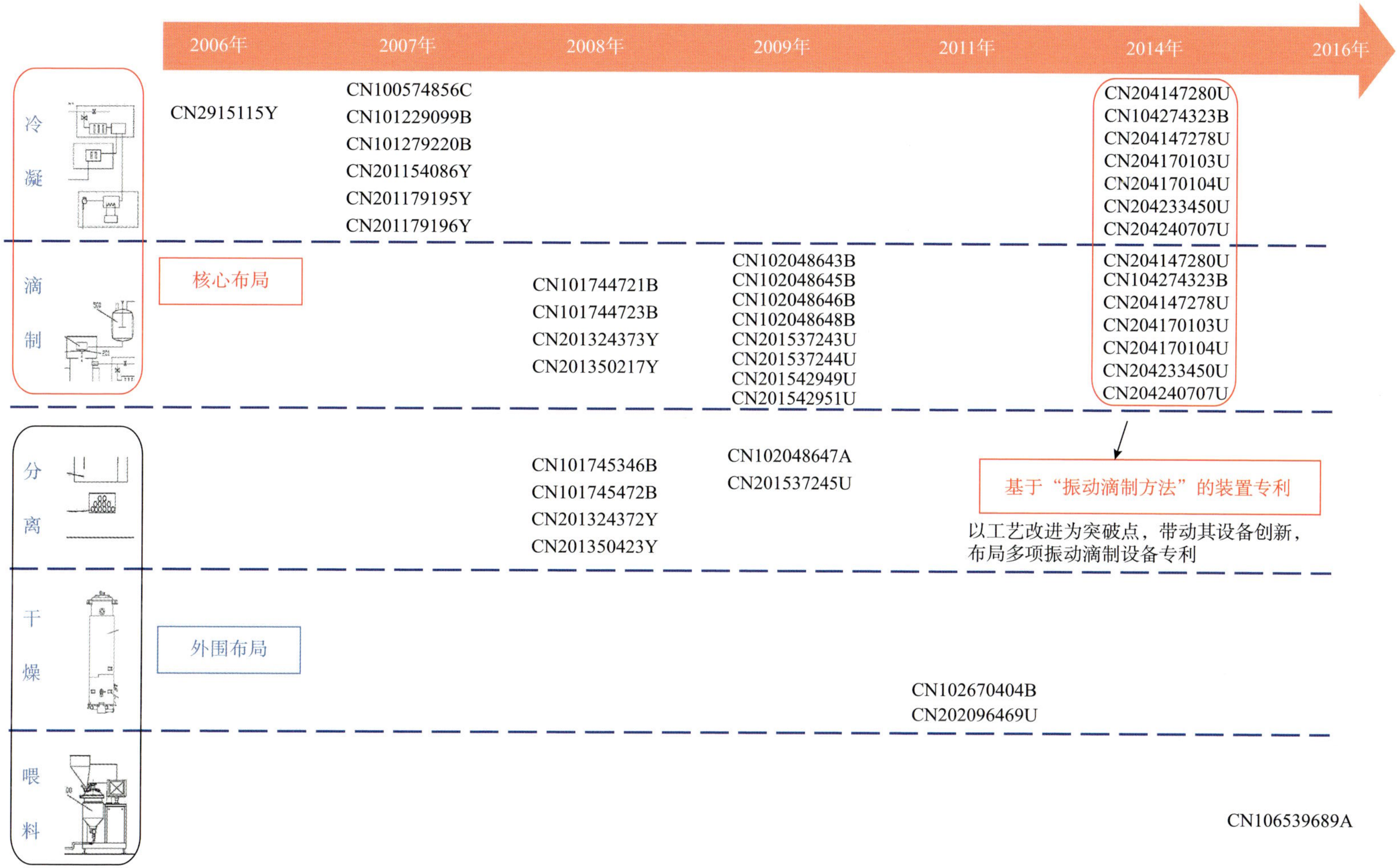

图3-2-11　天士力集团中药滴丸设备专利技术布局

（正文说明见第34页）

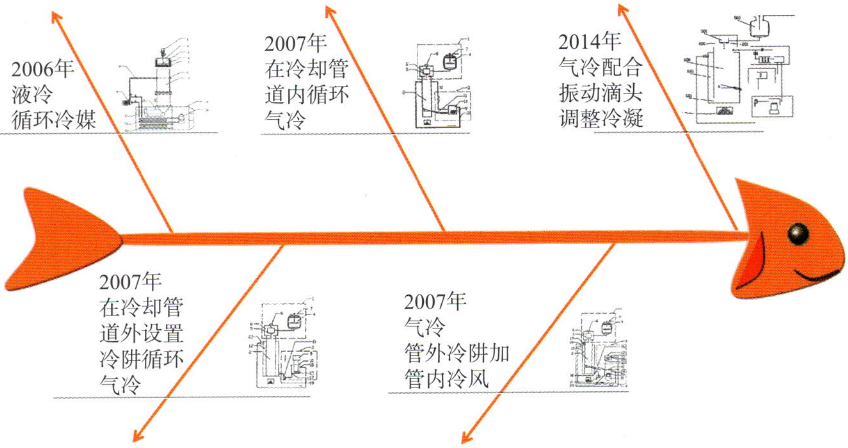

图3-2-12　天士力集团中药滴丸设备冷凝系统专利技术路线

（正文说明见第34~35页）

	中国	德国	日本	美国	丹麦
喷雾干燥		Bucher Guyer EP455976B1 1991年	大川原 JP2004082005A 2002年		Niro DK132161B 1972年
流化床干燥		GEA EP507038A1 1991年			
微波干燥		Pueschner DE102007012795B3 2007年 (未进入中国)		Hull WO0136888A1 2000年	
冷冻干燥	楚天科技 CN104534729B 2014年		共和真空 JP3653239B2 2001年		Atlas DK1103296T3 2000年

图3-3-12　干燥设备重点技术分支全球知名企业专利布局

（正文说明见第47页）

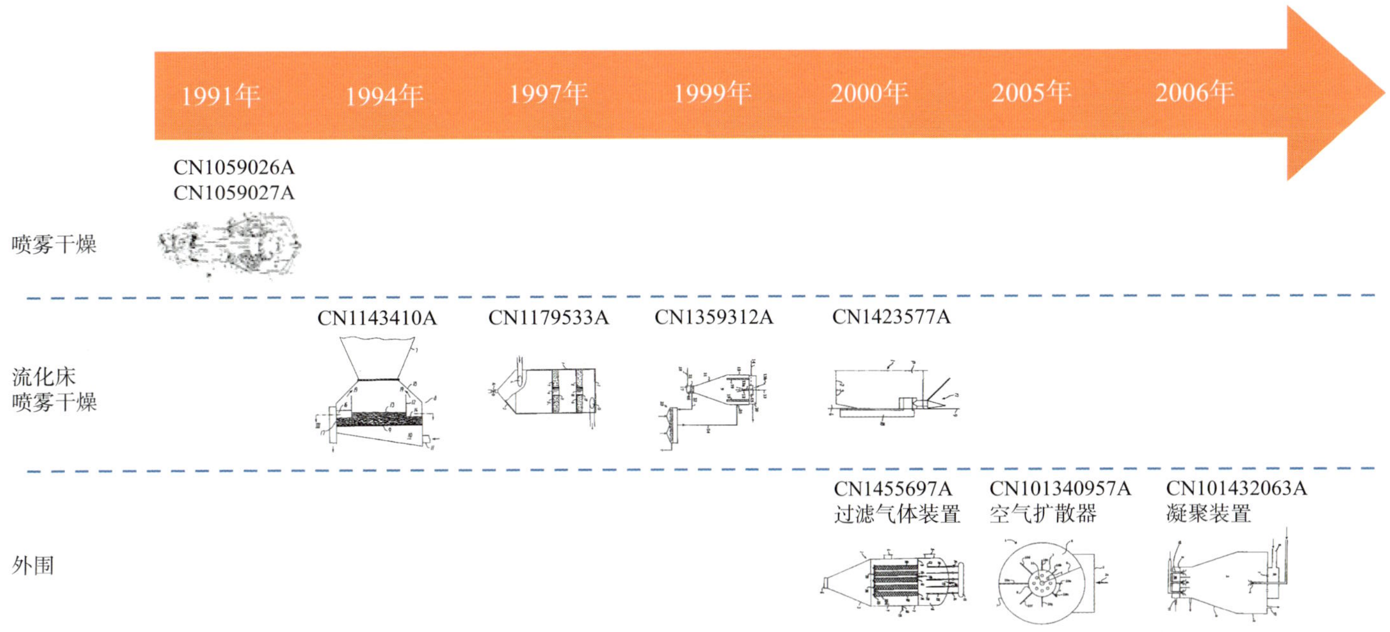

图3-3-14　丹麦Niro来华专利布局

（正文说明见第48页）

图3-4-8 提取设备全球专利技术发展路线

（正文说明见第52~53页）

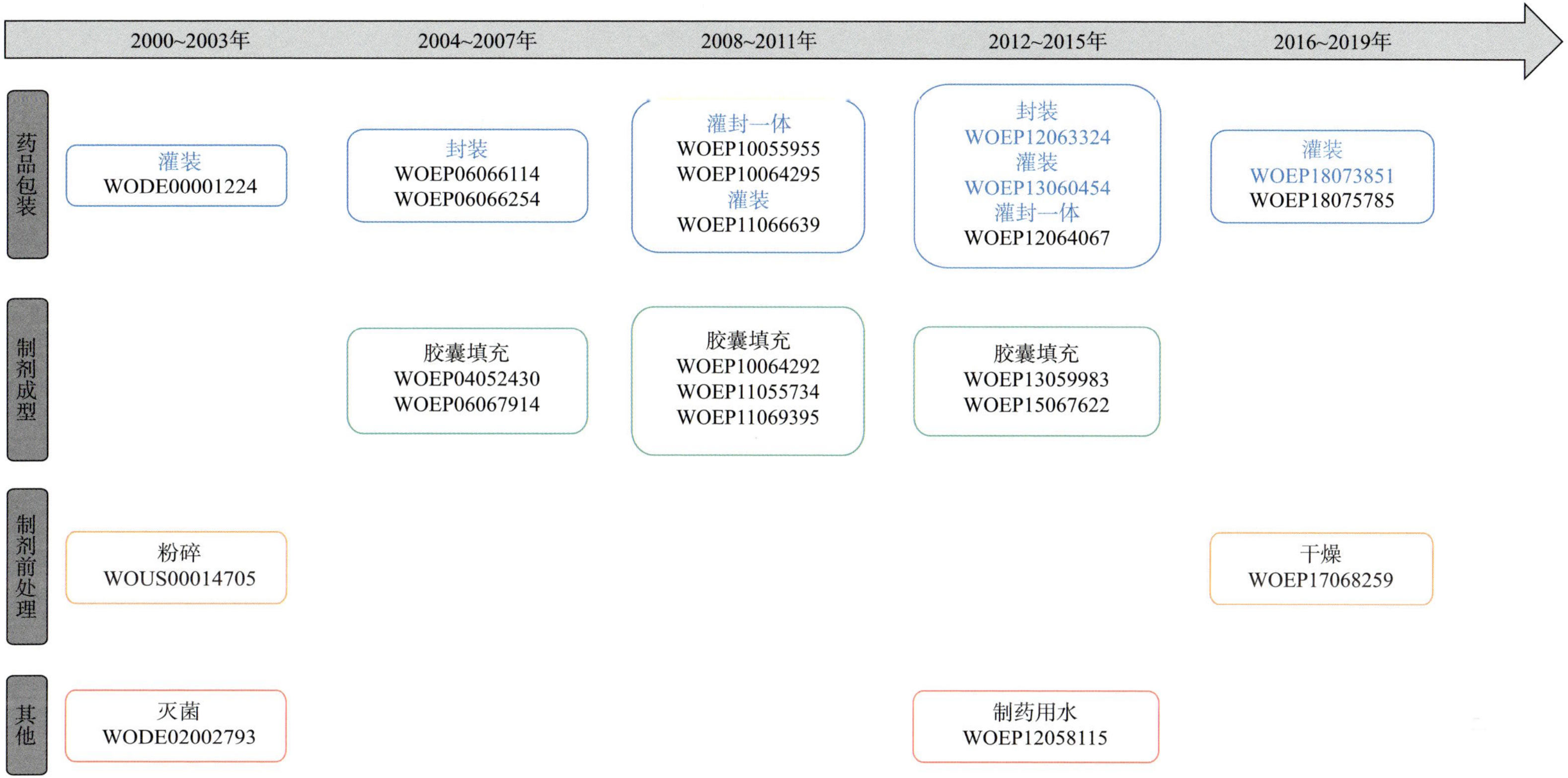

图4-1-7　博世公司制药装备全球专利技术路线

（正文说明见第79~80页）

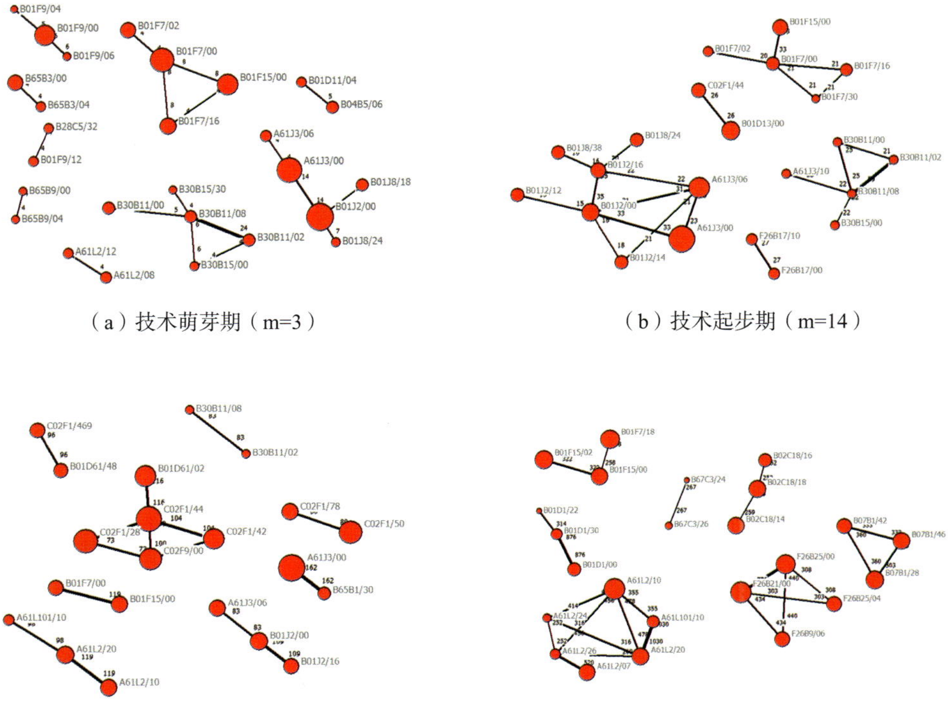

（a）技术萌芽期（m=3）　　（b）技术起步期（m=14）

（c）平稳发展期（m=70）　　（d）快速发展期（m=240）

图6-2-5　中药制药装备“m-核”核心技术领域共现网络

（正文说明见第144页）

编 委 会

前　言

2019年是中华人民共和国成立70周年，是全面建成小康社会、实现第一个百年奋斗目标的关键之年。在以习近平同志为核心的党中央的坚强领导下，国家知识产权局认真贯彻落实党中央、国务院决策部署，聚焦创新驱动和改革开放两个轮子，强化知识产权创造、保护、运用。为推动产业高质量发展，围绕国家重点产业持续开展专利分析研究，深化情报分析，提供精准支撑，充分发挥知识产权在国家治理中的作用。

在国家知识产权局学术委员会的领导和指导下，专利分析普及推广项目始终坚持“源于产业、依靠产业、推动产业”核心原则，突出情报分析工作定位和功能，围绕国家100余个重点产业、重大技术和重大项目开展研究，形成一批高质量的研究成果，通过出版《产业专利分析报告》（第1~70册）推动成果落地生根，逐步形成与产业紧密联系和互动合作的良好格局。

这一年，专利分析普及推广项目在求变求新的理念引领下，锐意进取，广开渠道，持续引导和鼓励具备相应研究能力的社会力量承担研究工作，得到社会各方的热情支持和积极响应。10项课题经立项评审脱颖而出，中国科学院、北京空间科技信息研究所等科研院所，清华大学、北京大学等高校，江西省陶瓷知识产权信息中心、中国煤炭工业协会生产力促进中心等企事业单位或单独或联合承担了具体研究工作。各方主动发挥独特优势，组织近150名研究人员，历时7个月，圆满完成了各项研究任务，形成一批凸显行业特色的研究成果和方法论。同时，择优选取其中8项成果以《产业专利分析报告》（第71~78册）

系列丛书的形式出版。这8项报告所涉及的产业方向分别是混合增强智能、自主式水下滑翔机技术、新型抗丙肝药物、中药制药装备、高性能碳化物先进陶瓷材料、体外诊断技术、智能网联汽车关键技术、低轨卫星通信技术，均属于我国科技创新和经济转型的核心产业。

专利分析普及推广项目的发展离不开社会各界一如既往的支持与帮助，各级知识产权局、行业协会、科研院所等为课题的顺利开展贡献了巨大的力量，近百名行业和技术专家参与课题指导工作，《产业专利分析报告》（第71~78册）的出版凝聚着社会各界智慧。

专利分析成果的生命力在于推广和应用。在新冠肺炎疫情期间，国家知识产权局结合实际，组织力量编制并发布多份抗击新冠病毒肺炎专利信息研报，广泛推送至科研专班和相关专家，充分发挥专利信息对疫情防控科研攻关的专业支撑与引导作用，助力打赢疫情防控阻击战。希望各方能够充分吸收《产业专利分析报告》的内容，积极发挥专利信息对政策决策、技术创新等方面的智力支撑作用。

由于报告中专利文献的数据采集范围和专利分析工具的限制，加之研究人员水平有限，报告的数据、结论和建议仅供社会各界借鉴研究。

《产业专利分析报告》丛书编委会

2020年5月

项目联系人

孙 琨 010-62086193/sunkun@cnipa.gov.cn

中药制药装备产业专利分析课题研究团队

一、项目指导

国家知识产权局： 贺　化　郑慧芬　雷春海

二、项目管理

国家知识产权局专利局： 张小凤　孙　琨　王　涛

三、课题组

承 担 单 位： 成都中医药大学　江西中医药大学　四川力久律师事务所

课题负责人： 邹文俊　杨　明

课题组组长： 王　芸

统　稿　人： 刘雪莲　施　晴

主要执笔人： 邹文俊　施　晴　王　波　曾　洁　臧振中　曹梦蝶
伍振峰　王学成　李远辉

课题组成员： 邹文俊　杨　明　王　芸　臧振中　刘雪莲
王　波　伍振峰　施　晴　曾　洁　曹梦蝶
王学成　李远辉　瞿礼萍　康　琪　王　准

四、研究分工

数据检索： 施　晴　曾　洁　王　波

数据清理： 施　晴　曾　洁　王　波

数据标引： 施　晴　曾　洁　王　波

图表制作： 施　晴　曾　洁　王　波

报告执笔： 邹文俊　施　晴　王　波　臧振中　曾　洁　伍振峰
曹梦蝶　王学成　李远辉

报告统稿： 施　晴　刘雪莲

报告编辑： 刘雪莲

报告审校： 邹文俊　杨　明　王　芸

五、报告撰稿

邹文俊：主要执笔第7章

施　晴：主要执笔第1章第1.2～1.4节、第4章、第5章

曾　洁：主要执笔第2章，第3章第3.2.2～3.2.5节、第3.3.2～3.3.5节，第6章

王　波：主要执笔第3章第3.1.2～3.1.5节、第3.4.2～3.4.4节、第3.5.2～3.5.4节

臧振中：主要执笔第3章第3.4.1节、第3.5.1节

曹梦蝶：主要执笔第1章第1.1.2～1.1.4节

伍振峰：主要执笔第3章第3.3.1节

王学成：主要执笔第1章第1.1.1节

李远辉：主要执笔第3章第3.1.1节、第3.2.1节

六、指导专家

行业专家、技术专家（按姓氏音序排列）

杨　明　江西中医药大学

张定堃　成都中医药大学

专利分析专家

巴　特　国家知识产权局专利局专利审查协作四川中心

目 录

第1章 绪　论 / 1
1.1 研究背景 / 1
1.1.1 技术概况 / 1
1.1.2 发展历程 / 2
1.1.3 产业规模 / 2
1.1.4 政策环境 / 3
1.2 技术分解 / 3
1.3 数据检索与处理 / 5
1.3.1 数据检索 / 5
1.3.2 数据处理 / 5
1.3.3 查全查准评估 / 7
1.4 相关事项和约定 / 7
第2章 专利总体态势分析 / 8
2.1 全球专利态势分析 / 8
2.1.1 申请趋势 / 8
2.1.2 地域布局 / 8
2.1.3 主要申请人 / 11
2.1.4 技术构成 / 12
2.1.5 小　结 / 13
2.2 中国专利态势分析 / 14
2.2.1 申请趋势 / 14
2.2.2 地域分布 / 15
2.2.3 主要申请人 / 15
2.2.4 技术构成 / 16
2.2.5 法律状态 / 17
2.2.6 专利运营 / 18
2.2.7 小　结 / 18

第3章　关键技术专利分析 / 19
3.1　炮制设备 / 19
3.1.1　技术概况 / 19
3.1.2　全球专利地域布局 / 20
3.1.3　中国专利申请分析 / 21
3.1.4　业内代表性饮片生产企业专利分析 / 27
3.1.5　小　结 / 28
3.2　制丸设备 / 28
3.2.1　技术概况 / 28
3.2.2　全球专利分析 / 28
3.2.3　中国专利分析 / 31
3.2.4　天士力集团滴丸设备专利分析 / 33
3.2.5　小　结 / 37
3.3　干燥设备 / 37
3.3.1　技术概况 / 37
3.3.2　全球专利分析 / 38
3.3.3　中国专利申请分析 / 42
3.3.4　业内知名企业专利分析 / 46
3.3.5　小　结 / 48
3.4　提取设备 / 48
3.4.1　技术概况 / 48
3.4.2　全球专利分析 / 49
3.4.3　中国专利分析 / 53
3.4.4　小　结 / 62
3.5　分离纯化设备 / 62
3.5.1　技术概况 / 62
3.5.2　全球专利分析 / 62
3.5.3　中国专利分析 / 70
3.5.4　小　结 / 74
第4章　国外代表性企业专利分析 / 76
4.1　博世公司 / 76
4.1.1　申请趋势 / 76
4.1.2　专利布局 / 77
4.1.3　技术发展路线 / 79
4.1.4　重点专利 / 80
4.2　IMA / 85

4.2.1 申请趋势 / 85
4.2.2 专利布局 / 86
4.2.3 技术发展路线 / 87
4.2.4 重点专利 / 89
4.3 GLATT / 94
4.3.1 申请趋势 / 94
4.3.2 专利布局 / 94
4.3.3 技术发展路线 / 96
4.3.4 重点专利 / 96
4.4 小　　结 / 100
第5章 国内代表性企业专利分析 / 101
5.1 楚天科技 / 101
5.1.1 申请趋势 / 101
5.1.2 专利布局 / 102
5.1.3 技术发展路线 / 105
5.1.4 重点专利 / 105
5.1.5 合作研发 / 114
5.2 新华医疗 / 115
5.2.1 申请趋势 / 115
5.2.2 专利布局 / 115
5.2.3 技术发展路线 / 117
5.2.4 重点专利 / 120
5.2.5 专利运营 / 124
5.3 东富龙 / 125
5.3.1 申请趋势 / 125
5.3.2 专利布局 / 126
5.3.3 技术发展路线 / 128
5.3.4 重点专利 / 131
5.3.5 合作研发 / 135
5.4 小　　结 / 136
第6章 基于社会网络分析的专利核心技术变迁趋势 / 138
6.1 社会网络分析方法 / 138
6.2 中药制药装备专利核心技术变迁趋势 / 139
6.2.1 分析思路 / 139
6.2.2 分析工具 / 140
6.2.3 分析过程 / 142

6.2.4 分析结果 / 144
6.3 小 结 / 145
第7章 结论及建议 / 146
7.1 结 论 / 146
7.2 建 议 / 148
参考文献 / 149
附 录 申请人名称约定表 / 151
图索引 / 159
表索引 / 163

第1章 绪 论

1.1 研究背景

1.1.1 技术概况

制药装备产业是一个特殊的交叉产业，它以制药技术为核心，涉及化工机械技术、自动控制技术、计算机技术等多种专业技术。根据我国2017年《国民经济行业分类》(GB/T 4754—2017)[1]，制药装备产业（又称“制药专用设备制造业”）是指制造化学原料药和药剂、中药饮片及中成药专用生产设备的行业。制药装备制造包括对洗药机、润药机、切药机等饮片生产机械，制药专用粉碎机械，胶囊剂、丸剂、片剂等制剂生产设备等制药专用设备的制造。根据国家统计局发布的《知识产权（专利）密集型产业统计分类（2019）》[2]，制药专用设备制造业被统计入内，表明我国制药专用设备制造业在发明专利密集度和规模上达到统计标准，知识产权即市场核心竞争力。

本课题研究对象“中药制药装备”是指用于中药饮片及中成药生产的设备，按照中药制药流程，主要包括炮制、制剂前处理、制剂成型、制药用水生产、灭菌和药品包装设备。中药制药装备与化学原料药和药剂制造装备的主要区别在于炮制设备、制剂前处理设备以及部分制剂成型设备方面。整个中药制药过程中具备中医药特点的关键技术包括炮制、提取、制丸、干燥及分离纯化等。制药装备、中药制药装备及其关键技术从属关系如图1-1-1所示。

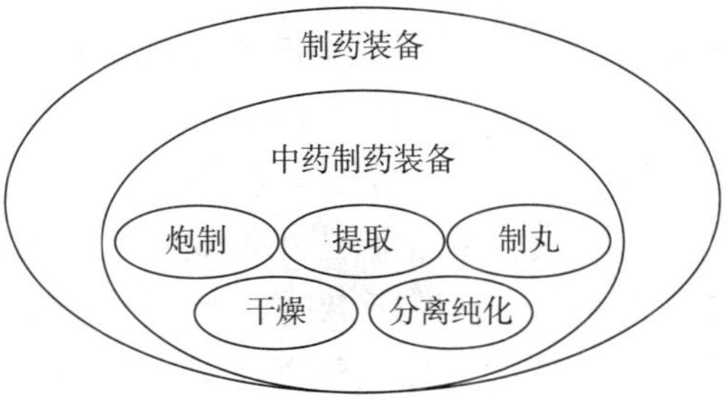

图1-1-1 制药装备、中药制药装备及其关键技术从属关系

目前，我国中药制药装备技术整体仍处于引入国外化学原料药和药剂制造装备先进技术进行吸收转化的阶段，形成了中药制药流程前端落后于末端的整体局面。如处于中药制药流程末端的制剂成型、药品包装等与化学药生产类似的共性技术，在消化吸收、协同创新的基础上，基本达到“工业3.0+”水平；然而，中药制药流程前端的中药炮制、提取、分离纯化等独具中药特色的工艺技术仍比较落后，整体处于“工业2.0－”水平，甚至有些特色炮炙技术仍处于“工业1.0”水平。

1.1.2 发展历程

全球制药工业始于19世纪中叶，德国、美国率先起步。随着全球经济的不断发展，制药装备产业作为制药工业的核心领域，随着制药工业的蓬勃发展而不断进步。20世纪70年代，日本、韩国的企业相继加入竞争；20世纪80年代，全球形成以德国博世公司、意大利IMA等大型企业为主导的寡头垄断局面；20世纪90年代，全球制药装备产业增速放缓，与此同时，英国Manesty公司制造了全球最早的压片机，德国GLATT制造了世界上第一台流化床。随后，随着中国等亚洲地区市场逐步放开，产业市场逐渐从欧美地区向亚洲地区转移。

我国制药装备产业从无到有，从小到大，走过了半个多世纪的发展历程。新中国成立初期我国仅有27家实力单薄的制药装备制造小型企业，产品品种仅39个，品规仅98种，在国际上发展相当落后；随着我国改革开放的不断深化，制药装备产业规模不断壮大，发展至20世纪90年代初期，我国已有制药装备制造企业180家，产品品种达635个。20世纪90年代末期，我国正式推行《药品生产质量管理规范》认证，在提高药品生产的标准的同时，对制药设备也提出了相应要求，自此我国制药装备产业全面加速发展。国内以楚天科技、新华医疗、东富龙为代表的企业迎来快速发展的良好时机，逐步打破了国外大型企业的垄断局面。至今，我国制药装备制造企业增至860家，产品品种数增至3086种，在生产上基本满足了产业及市场需求。但国内企业总体规模较小，仍停留于仿制阶段，产品附加值较低。[3]

1.1.3 产业规模

（1）市场规模

目前，国内对制药装备的经济运行情况统计主要以“制药专用设备制造业”进行统计。2013～2017年《中国工业统计年鉴》中的统计数据表明，2012～2016年，我国规模以上制药专用设备制造业工业销售产值呈现递增势态，年均增长率为13.85%，其中2016年我国制药专用设备制造业工业销售产值为181.68亿元，占医药制造业工业销售产值的0.64%，表明我国制药专用设备制造业工业产能较低；主营业务收入增长趋势平稳，年均增长率为12.12%，其中2016年主营业务收入为174.62亿元；利润总额呈下降趋势，年均降低率为5.95%，直接反映了我国制药专用设备制造业产业发展利润率低、企业亏损的现象；出口交货值增长趋势明显，平均年增长率为30.61%，其中2016年出口交货值为18.39亿元。

课题组通过调研发现，中药制药装备除在中药制药流程前端技术和设备上具有其特殊性，在后端制剂机械和包装机械上基本与化药制药通用。由于有国际市场的共同参与，在制药过程中的后端生产设备整体技术水平高于前端，市场需求及占有率也相对较大。

（2）企业规模

据中国制药装备产业协会发布的第57届全国制药机械博览会参展企业名单[4]所示，2019年春季展会中来我国参展的外资企业共260家，占参展企业总数的23.21%。分析得知，目前全球制药装备产业主要集中于德国，国际上具备较强国际竞争力的制药装备企业主要有德国博世公司、德国GEA（基伊埃）公司、意大利IMA等，生产的产品主要集中于制剂设备和包装设备领域。近年来，国内制药装备企业也在不断发展，2012~2016年，我国规模以上制药装备企业数总体呈现递增态势，至2016年为127家。据不完全统计，目前我国制药装备生产企业总数达860家，而2016年国家统计局统计的规模以上制造企业仅127家，占比仅14.77%；上市企业有7家，占比仅0.81%；中药炮制设备（如风选机、切药机、炒药机、煅药机等）主营生产企业13家，占比仅1.51%。以上统计表明国内企业发展两极分化严重，小型企业、通用设备企业多，大型企业、专用设备企业少；中药炮制设备主营生产企业占比低。

1.1.4 政策环境

我国制药装备产业立法可追溯到20世纪90年代。1996年，原国家医药管理局出台《制药机械管理办法》及其实施细则，该办法围绕《产品质量法》《药品生产质量管理规范》和《质量管理和质量保证》（GB/T 19000－ISO 9000）系列标准，针对制药机械监管部门、生产企业监管、经营企业监管、新产品监管、产品标准与质量监管及质量认证等方面制定了监管细则，是制药装备产业发展的立法基础。

近年国家对于制药装备产业发展的重视程度有较大提升，发布了包括《医药工业发展规划指南》《中医药发展战略规划纲要（2016—2030年）》《中国制药装备标准总目录（2018）》等相关文件，政策导向主要以制造高端制药设备，加速制药设备的集成化、连续化、自动化、信息化、智能化，来推动药品生产工艺的标准化和现代化。2018年，国家发布《制药机械（设备）实施药品生产质量管理规范的通则》（GB 28670—2012）、《制药机械（设备）在位清洗、灭菌通用技术要求》（GB/T 36030—2018）、《制药机械电气安全通用要求》（GB/T 36035—2018）等多项标准，推动产业发展。

1.2 技术分解

制药装备是一门涉及制药工艺学及生物技术、化学、金属材料学、机械原理、电工学、计算机等的综合性应用学科。[5]课题组经向行业技术专家多次咨询论证以及内部讨论，以药品制备工艺流程为主线，将中药制药装备按生产单元划分为炮制设备、制剂前处理设备、制剂成型设备、制药用水生产设备、灭菌设备和药品包装设备六大类，作为专利分析的一级技术分支；对一级技术分支进行二级解构，再对二级技术分支进行三级解构，形成表1－2－1所示的中药制药装备技术分解。

表 1-2-1　中药制药装备技术分解

研究对象	一级技术分支	二级技术分支	三级技术分支
中药制药装备	炮制	净制	—
		切制	—
		炮炙	—
	制剂前处理	粉碎	—
		筛析	—
		混合	—
		提取	—
		分离纯化	沉降
			离心
			滤过
			醇沉
			柱色谱
			膜分离
			分子蒸馏
		浓缩	—
		干燥	—
	制剂成型	制丸	—
		制粒	—
		胶囊填充	—
		压片	—
		包衣	—
	制药用水生产	纯化水	—
		注射用水	—
	灭菌	—	—
	药品包装	灌装	—
		封装	—
		灌封一体	—
		外包装	—
		喷码机	—
		贴标机	—

1.3 数据检索与处理

1.3.1 数据检索

（1）数据来源

本课题专利数据来源为 incoPat 专利数据库。截至本课题检索截止日，incoPat 数据库完整收录全球 102 个国家/组织/地区的 1 亿余件专利信息，对 22 个主要国家的专利数据进行特殊收录和加工处理，全球专利信息每周更新 3 次，满足课题研究需要。

（2）检索策略

依据表 1－2－1，中药制药装备的一级技术分支中，既包括中药制药领域专用设备，也包括制药领域通用设备。例如，炮制设备为中药制药领域专用设备；制剂前处理设备、制剂成型设备、制药用水生产设备、灭菌设备和药品包装设备为制药领域通用设备。对此，本课题采用分总式的检索策略，依据表 1－2－1 的二级技术分支或三级技术分支单独进行检索，分别构建中文和英文检索式。具体检索过程基于精确检索与适当扩展相结合的方式，分别利用关键词和 IPC 分类号为检索要素，经过初步检索、补充检索和噪声排除三个阶段，完成检索工作。检索结果通过申请号合并，形成专利分析样本数据库。数据检索时间截至 2019 年 7 月 1 日。

1.3.2 数据处理

数据处理包括数据去噪、数据标引以及重点申请人名称统一。

（1）数据去噪

专利检索时采用关键词和 IPC 分类号进行检索，会导致部分噪声文献的引入。根据研究的目的不同，对于重点技术分支和重点申请人相关专利，主要采用人工阅读去噪的方式；对于其他专利文献主要采用关键词批量清理与人工清理结合的方式进行。

（2）数据标引

对经过人工去噪后，获得的专利文献按照表 1－2－1 的各级技术分支名称进行数据标引。

（3）主要申请人名称统一

由于翻译或者子母公司等因素，部分申请人名称在专利文献中的表述存在一定的差异，对主要申请人的名字进行了归一化处理，参见附录。

（4）检索结果

各技术分支中英文专利检索结果参见表 1－3－1，其中各分支名称后的数字为“中文专利文献量＋英文专利文献量”。

表1－3－1　中药制药装备专利检索结果　　单位：件

课题名称	一级技术分支	二级技术分支	三级技术分支
中药制药装备 59907＋28043	炮制 4077＋130	净制 1329＋43	—
		切制 1986＋90	—
		炮炙 851＋0	—
	制剂前处理 28438＋12155	粉碎 5626＋925	—
		筛析 724＋535	—
		混合 2380＋2702	—
		提取 2845＋655	—
		分离纯化 7669＋5308	沉降 306＋0
			离心 1730＋546
			滤过 3661＋1945
			醇沉 116＋0
			柱色谱 516＋614
			膜分离 1598＋2398
			分子蒸馏 75＋18
		浓缩 3503＋339	—
		干燥 6435＋1869	—
	制剂成型 7607＋4657	制丸 714＋82	—
		制粒 3416＋1210	—
		胶囊填充 1338＋801	—
		压片 1669＋884	—
		包衣 621＋1817	—
	制药用水生产 637＋1347	纯化水 535＋1296	—
		注射用水 134＋51	—
	灭菌 8337＋1901	—	—
	药品包装 11604＋8158	灌装 4039＋2242	—
		封装 4958＋4959	—
		灌封一体 983＋311	—
		外包装 1041＋127	—
		喷码机 395＋0	—
		贴标机 531＋575	—

1.3.3 查全查准评估

为确保专利分析结果的有效性，对每个二级技术分支的中文专利和英文专利检索结果的查全率和查准率进行了评估。其中查全率采用申请人验证方式，查准率采用随机抽取 100 件专利人工判读验证方式。专利检索结果中，中文专利总体查全率为 96.49%，查准率为 94.29%；英文专利总体查全率为 90.27%，查准率为 87.35%，满足研究需要。

1.4 相关事项和约定

此处对本课题上下文中出现的以下术语或现象，一并给出解释。

同族专利：同一项发明创造在多个国家申请专利而产生的一组内容相同或基本相同的专利文献出版物，称为一个专利族或同族专利。从技术角度来看，属于同一专利族的多件专利申请可视为同一项技术。在本课题中，针对专利技术及其原创国或地区分析时对同族专利进行了合并统计；针对专利在各个国家或地区分别的公开情况进行分析时，对同一同族专利中的各件专利在相应国家或地区内进行了单独的合并统计。

项：同一项发明可能在多个国家、地区或组织提出专利申请，incoPat 数据库将这些相关的多件申请作为一条记录收录。在进行专利申请数量统计时，对于数据库中以一族（这里的“族”指的是同族专利中的“族”）数据的形式出现的一系列专利文献，计算为“1 项”。一般情况下，专利申请的项数对应于技术的数目。

件：在进行专利申请数量统计时，例如为了分析申请人在不同国家、地区或组织所提出的专利申请的分布情况，将同族专利申请分开，仅就同一专利在同一国家、地区或组织内的多个公开版本的专利进行申请号合并，统计得到的结果对应于申请的件数。1 项专利申请可能对应于 1 件或多件专利申请。

全球申请：申请人在全球范围内的各专利管理机构的专利申请。

中国申请或在华申请：申请人在中国国家知识产权局的专利申请。

国内申请：中国申请人在中国国家知识产权局的专利申请。

国外来华申请：外国申请人在中国国家知识产权局的专利申请。

第 2 章　专利总体态势分析

截至 2019 年 7 月 1 日，全球范围内公开的制药装备相关专利申请共计 80553 项。为了解制药装备领域专利申请整体情况，本章将从全球和中国两个层面，对专利申请的申请趋势、地域布局、主要申请人、技术构成等方面进行分析。

2.1　全球专利态势分析

2.1.1　申请趋势

图 2－1－1 为中药制药装备全球专利申请趋势。可以看出，全球中药制药装备专利申请始于 20 世纪 50 年代，发展 60 多年来，专利申请数量整体呈上升趋势。根据总体发展趋势曲线的走势，可以划分为四个阶段：①技术萌芽期（1955～1973 年），年专利申请量较少，未超过百项；②技术起步期（1974～1987 年），年专利申请量开始小幅度递增，从 1974 年的 85 项增长到 1987 年的 276 项；③平稳发展期（1988～2008 年），年专利申请量较上一阶段增长明显，1988～2008 年年专利申请平均增长率为 8.94%；④快速发展期（2009～2017 年），自进入 2009 年，随着亚洲等地区的市场的开放，年专利申请量呈现快速增长趋势，2009～2017 年年专利申请平均增长率为 26.08%，约为上一阶段的 3 倍。因 2018～2019 年的专利申请尚未完全公开，故不纳入分析。

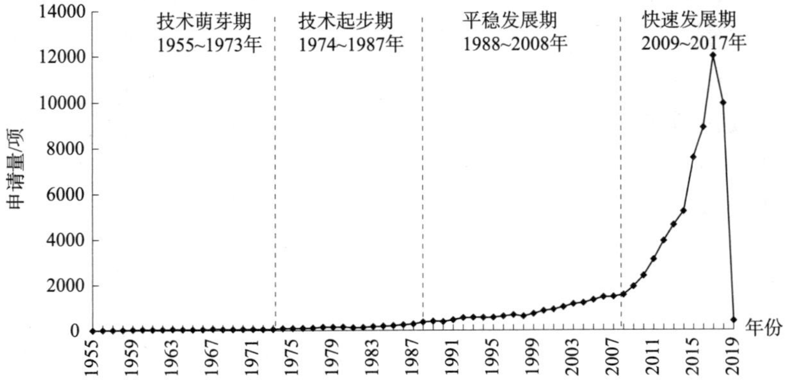

图 2－1－1　中药制药装备全球专利申请趋势

2.1.2　地域布局

2.1.2.1　目标市场国/地区

目标市场国/地区分析能够反映出技术的主要流向，并且进一步帮助判断全球主要国家/地区对该市场的重视程度。图 2－1－2 为中药制药装备全球专利申请目标国/地区分布。由该图可以看出，中国是最主要的目标市场国，其专利申请量占总申请量的 68%。20 世纪 90 年代以来，随着亚洲医药需求快速增长，全球制药产业逐步向中国转移，带动中国中药制药装备市场快速增长；另外，美国、日本、德国等创新主体也纷纷到中国进行专利布局。得益于在药品研发、市场营销上的投资增加，美国、日本的中药制药装备业也得到了很好的发展，目标市场为日本、美国的中药制药装备专利申请量不相上下，分别为 6368 件和 6060 件，均大致占申请总量的 7%。韩国和德国在中药制药装备领域也有较多的专利申请，分别为 2698 件和 2184 件，均大致占申请总量的 3%。

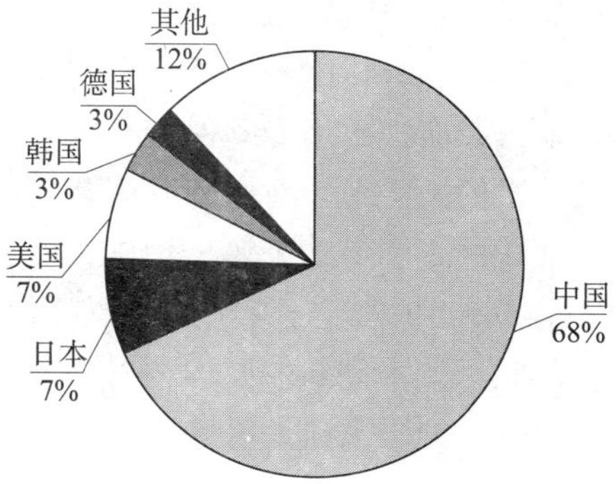

图 2－1－2　中药制药装备全球专利申请目标国/地区分布

图 2－1－3 为中药制药装备主要目标市场国专利申请占比年度变化趋势。德国和美国专利申请起步最早，在 1974 年之前占据主导地位。1975 年开始，日本和韩国加入竞争，日本专利占比于 1984 年超过美国和德国，成为中药制药装备专利申请大国，主导 1984～1998 年的专利申请，1984～1998 年日本专利占比为 36%～38%。1999～2009 年，国内中药制药装备企业围绕药品生产质量管理规范（Good Manufacturing Practices，GMP）认证要求研制、开发新产品，相关专利申请量逐年增加；2010 年受新版 GMP 认证的影响，国内专利申请呈现爆发式增长态势，2010～2019 年中国专利占比高达 74%～98%。

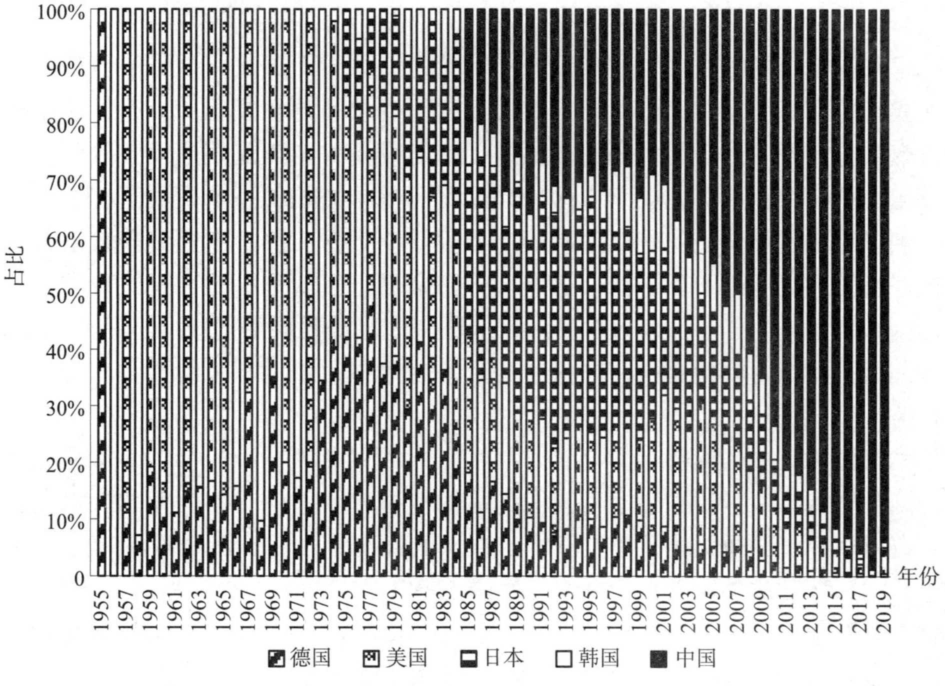

图 2－1－3　中药制药装备主要目标市场国专利申请占比变化趋势

2.1.2.2 专利技术来源国/地区

同族专利分析能较好反映专利技术的来源国/地区。同族专利申请人一般首先在其所在地或归属地申请专利保护，因此同族专利首次申请国家或地区一定程度上反映了专利技术的来源地。对中药制药装备产业同族专利首次申请的国家或地区进行统计发现，七成的专利申请来源于中国，但其以实用新型为主，发明专利仅占31%。按我国《专利法》相关规定，实用新型专利在申请的过程中仅涉及初步审查，不进行实质审查，因此对技术创新的要求相对发明专利较低。进一步针对中药制药装备产业发明专利首次申请的国家或地区进行统计发现，来源于中国的发明专利最多（16557 项），占总发明专利申请量的44.19%，主导全球中药制药装备领域技术研究（参见表2-1-1）；其次是日本、美国、德国和韩国，占比分别为15.34%、14.72%、5.66%和4.22%，这些国家中药制药装备产业研发实力较强。

表2-1-1 中药制药装备全球发明专利技术来源国/地区

技术来源地	发明专利量/项	发明专利占比
中国	16557	44.19%
日本	5749	15.34%
美国	5515	14.72%
德国	2120	5.66%
韩国	1582	4.22%
其他	5942	15.87%

技术来源于中国的发明专利申请量排名第一，共16557项，说明中国虽然在专利布局上起步较晚，但在技术创新成果数量上已呈现快速的发展势头，是目前中药制药装备研究和应用开发最活跃的国家；另外，炮制设备、制剂前处理设备等与中药特殊工艺设备相关的专利主要集中于中国，以及我国近年来相关技术发展迅猛，也促进了相关专利申请快速增长。随着全球制药产业逐步向中国转移，中药制药装备行业也迎来了良好的发展机遇，中国制药装备企业大量涌现。以新华医疗、楚天科技等为代表的中国制药装备企业不断加大研发投入，从仿制、改进到自主创新，不断推出新产品。随着专利保护意识的不断提高，国内制药装备企业纷纷通过积极的专利布局来保护自己的权益。

技术来源于日本的发明专利申请排名第二，共5749项。1980年日本决定正式实施GMP，同时日本厚生劳动省开始压制医药品的价格以及迫使日本企业加大对制药设备进行投资以进一步消减医药品生产成本，再加上日本“me-too”药的普及，多方因素促进了日本医药品相关制造设备行业的发展。

技术来源于美国的发明专利申请排名第三，共5515项。美国是全球领先的医药工业强国，也是GMP的诞生地，医药工业发达，中药制药装备技术先进。

技术来源于德国的发明专利申请排名第四，共2120项。德国拥有多家涉及精密机械及电气工程的制药设备工厂，在制药设备方面基础雄厚、技术先进。

技术来源于韩国的发明专利申请排名第五，共1582项。长久以来，以植物提取物为基础的传统药物在韩国的医疗保健消费中一直占据主导地位，韩医药的发达以及20世纪初全球药品市场向韩国等新兴市场的转移，促使韩国在中药制药装备领域的发展。多年来韩国积累了较多的发明专利申请。

2.1.2.3　专利输出分析

某国家或地区申请人在其他国家或地区的专利布局，显示了其专利输出情况。对全球中药制药装备主要技术来源国家专利输出情况进行分析发现，德国、美国、日本和韩国申请人国际竞争意识强，专利输出占比[1]高，分别为54.46%、37.45%、20.42%和9.57%，且都重视中国中药制药装备市场，均在中国布局了一定量的专利申请（参见表2-1-2）。中国作为中药制药装备最重要的专利申请国和技术来源国，专利输出量非常少，共77项，占比仅为0.13%。由此可以看出，我国中药制药装备产业申请人海外专利布局意识非常薄弱，国际影响力不强。

表2-1-2　中药制药装备全球主要技术来源国专利输出情况

主要技术来源国	专利输出量/项	专利输出量占比	主要输出国家或地区/项
德国	1337	54.46%	美国（589）；中国（319）；日本（128）
美国	2087	37.45%	中国（426）；日本（341）；欧洲（220）
日本	1221	20.42%	美国（511）；中国（317）；韩国（201）
韩国	198	9.57%	美国（76）；中国（71）；日本（29）
中国	77	0.13%	美国（24）；日本（7）；欧洲（7）

2.1.3　主要申请人

表2-1-3为中药制药装备全球专利申请量排名前20位的申请人及其发明专利占比（自身发明专利申请量占自身专利申请总量的比例）。排名前20位的申请人中，中国申请人数量最多，共10家企业，且占据前四名的位置，但排名前20位的中国申请人发明专利量相对较少，发明专利平均占比仅为约36%。日本、德国等国的申请人专利申请总量明显不及中国，但其发明专利占比大都远高于排名前20位的中国申请人：除日本的栗田工业外，其余申请人发明专利占比均超过90%。

表2-1-3　中药制药装备全球专利申请量排名前20位的申请人及其发明专利占比

排名	申请人	申请总量/项	国别	发明专利占比
1	楚天科技	909	中国	30%
2	新华医疗	478	中国	20%

[1] 专利输出占比=某国家或地区的专利输出量/专利技术来源为该国家或地区的专利数量×100%

续表

排名	申请人	申请总量/项	国别	发明专利占比
3	东富龙	443	中国	28%
4	科伦药业	267	中国	14%
5	博世公司	216	德国	97%
6	四川制药制剂	193	中国	42%
7	栗田工业	143	日本	78%
8	JVM CO LTD	129	韩国	98%
9	日立公司	118	日本	98%
10	三菱公司	114	日本	92%
11	IMA	113	意大利	96%
12	中科院所	103	中国	66%
13	成都中牧药业	103	中国	58%
14	华润集团	98	中国	18%
15	颇尔公司	94	美国	98%
16	浙江迦南科技	87	中国	24%
17	TAKAZONO SANGYO	86	日本	100%
18	松下集团	86	日本	98%
19	GLATT	84	德国	94%
20	中国石化	83	中国	58%

2.1.4 技术构成

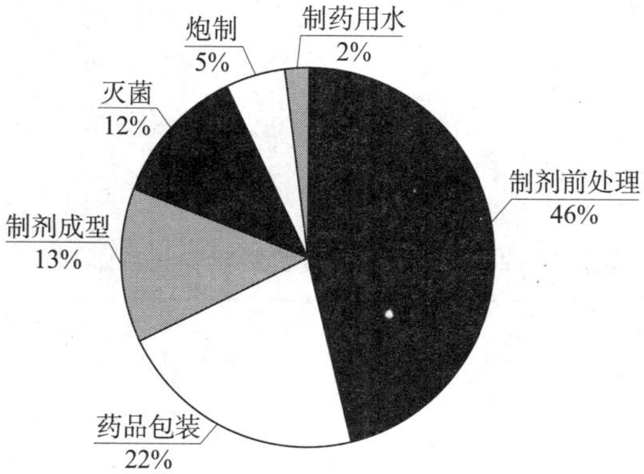

图2-1-4 中药制药装备一级技术分支全球专利技术构成

中药制药装备是围绕制药工艺路线为主线的，满足制剂生产的相关设备，主要分为六个一级技术分支：炮制设备、制剂前处理设备、制剂成型设备、制药用水生产设备、灭菌设备及药品包装设备。图2-1-4为中药制药装备一级技术分支全球专利技术构成。可以看出，制剂前处理设备为中药制药装备专利布局核心技术领域，占比最高，为46%；其次为药品包装、制剂成型和灭菌设备，占比分别为22%、13%和12%；炮制设备、制药用水生产设备占比相对较低，分别为5%和2%。

图2-1-5为中药制药装备一级技术分支全球专利申请趋势。1987年及以前，各一级技术分支专利申请量均不高。从1988年开始，制剂前处理设备专利申请量先开始增长，并在2000年后进入快速增长阶段，与其他领域逐渐拉开差距，成为六个一级技术分支中增长最为明显的技术领域。药品包装设备紧随其后，在1994年后呈现增长趋势，已成为增长第二突出的技术领域。值得一提的是，独具中医药特色的炮制设备专利申请量虽然不高，但2012~2017年专利申请增幅明显，近年的技术创新活跃度逐渐增强。

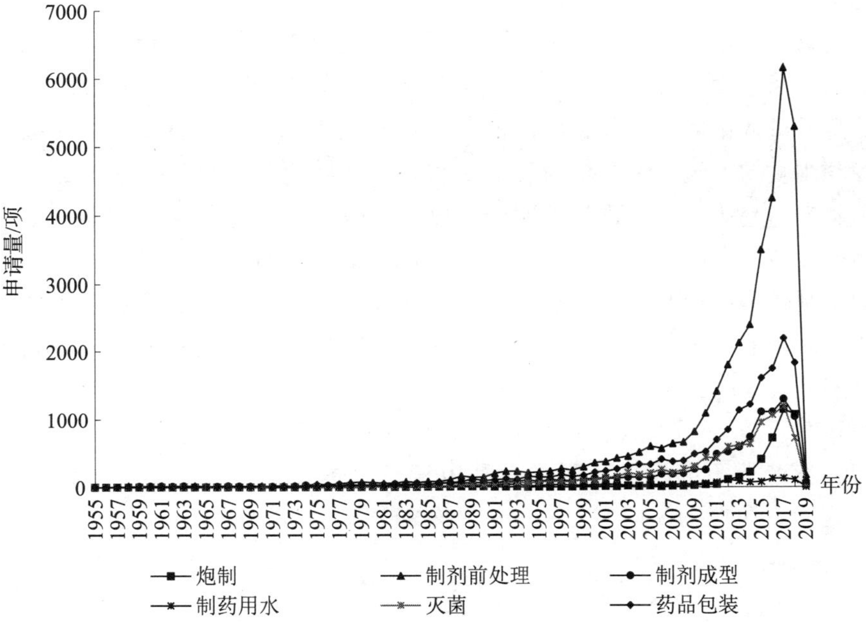

图2-1-5　中药制药装备一级技术分支全球专利申请趋势

2.1.5　小　　结

全球中药制药装备专利申请目前正处于快速增长的阶段。自2009年以来该产业进入技术快速发展期，全球专利数量迅速增长，截至目前，全球中药制药装备相关专利逾8万项。

发达国家技术成熟度高，产业发展向发展中国家转移。20世纪五六十年代，德国、美国技术率先起步；韩国、日本于20世纪70年代加入竞争；进入20世纪80年代，随着中国扩大对外开放，大量国外企业在华筑厂，全球产业发展向中国转移，同时伴随着中国专利制度的实施，相应的专利申请快速增长。目前中国专利申请占全球专利申请量的68%，已成为中药制药装备全球最大的目标市场国。

六个一级技术分支中，制剂前处理、药品包装因为与化学药生产具有通用性，且技术发展时间长、市场需求大、创新主体多，相应专利申请占比最高；炮制为中药特色领域，尤其是炮炙环节，创新门槛高，且无成熟的通用技术可以借鉴，专利申请占比较低，但2014年开始专利申请快速增长，发明专利占比逐年升高，创新活跃度有所加强。

2.2 中国专利态势分析

2.2.1 申请趋势

我国中药制药装备产业起步较晚。1986年，国内药厂虽已达2000多家，但这些药厂的设备更新、技术改造需要大量的制药设备，而相应的设备供应企业却较少。1987年，原国家医药管理局决定制药设备不再实行统一分配，全面放开制药设备产品供应，所有产品全部进入市场。由此，我国的制药设备技术创新水平有了新的突破，同时随着中国专利制度的实施，中国制药装备专利技术开始萌芽。图2－2－1为中药制药装备中国专利申请趋势，其大致分为四个阶段：①1985～1992年为技术萌芽期，该时间段中药制药装备专利申请量较少，年均专利申请量为80件；②1993～2001年为技术起步期，随着制药装备行业不断发展，该领域的相关专利技术开始发展，年均专利申请量达189件，是上一阶段的2倍多；③2002～2008年为平稳发展期，国内制药装备生产实力得到显著提高，产业规模逐步扩大，技术研发实力不断增强，年均专利申请量上升至590件，是上一阶段的3倍多；④2009～2019年为快速发展期，随着国家政策推动制药装备产业不断发展，国内专利申请量呈爆发式增长，年均专利申请量高达4828件，是上一阶段的8倍多。

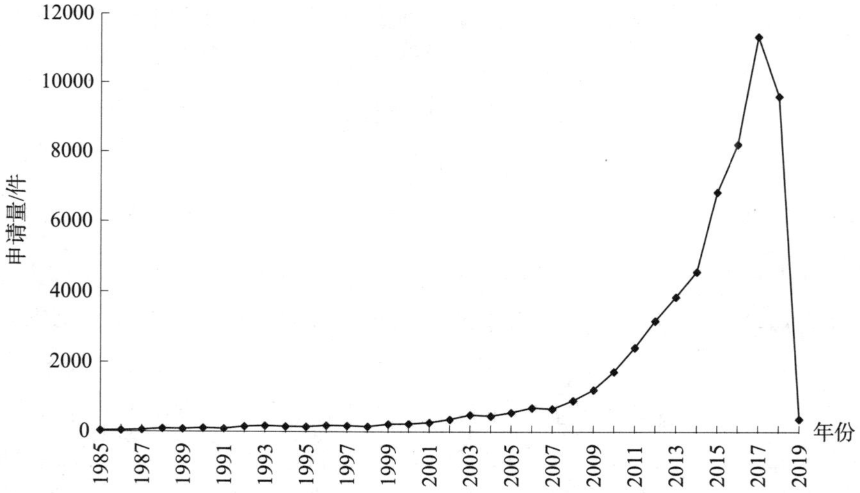

图2－2－1　中药制药装备中国专利申请趋势

2.2.2　地域分布

图2-2-2为中药制药装备中国主要省区市专利申请量占比。可以看出，江苏省在中国主要省区市中排名第一位，占总量的13%；浙江省和山东省紧随其后，分别排在第二位和第三位，占比分别为11%和9%；广东省排在第四位，占比为7%；安徽省、四川省、上海市、河南省、湖南省、天津市也有一定量的专利申请，占比为4%~6%。江苏省、浙江省、山东省和广东省占据了该领域总量的40%，显示专利地域集中度较高。

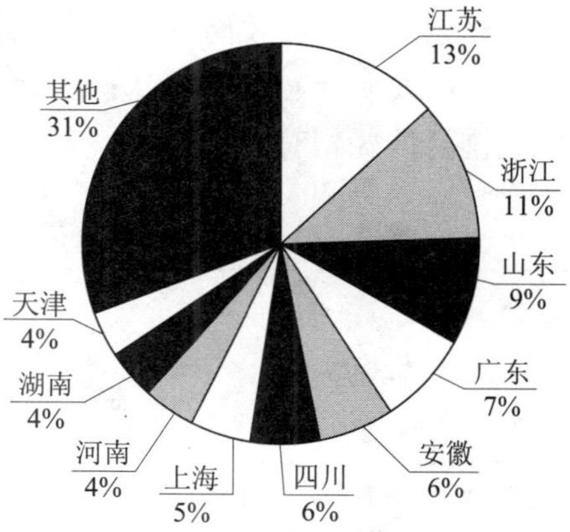

图2-2-2　中药制药装备中国各省区市专利申请量占比

2.2.3　主要申请人

图2-2-3展示了中药制药装备中国专利申请量排名前十的申请人的排名情况。其中，楚天科技的申请量最大，拥有超过900件的专利申请；其次是新华医疗，也有超过400件的专利申请；东富龙、科伦药业、成都中牧生物药业分别排在第三位至第五位。全国申请量排名前十的申请人主要以企业为主，具体包括8家企业、1家高校院所、1名个人申请人，且该个人申请人高云芝是安徽四德节能设备制造有限公司法定代表人——由此可以看出，该领域技术产业化程度相对较高。具体来看，目前国内申请人专利申请量较为分散、集中度较低——排名前十的专利申请人的申请量仅占全国申请量的4.41%。

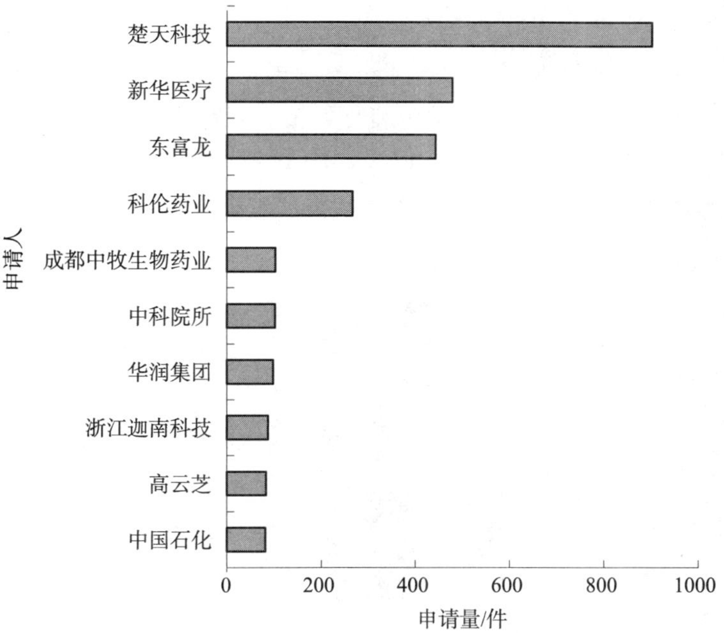

图2-2-3　中药制药装备中国专利申请量排名前十的申请人的排名情况

表2-2-1为中药制药装备中国专利申请量排名前五的申请人的专利情况，包括专利申请活跃度、专利类型及专利有效性。从专利申请活跃度来看，排名前五的申请人近年来技术活跃度较高，近五年专利占比均超过45%。从专利类型来看，成都中牧生物药业的发明专利占比最高；从专利有效性来看，科伦药业的发明和实用新型的有效专利维持情况相对较好。

表2-2-1　中药制药装备中国专利申请量排名前五的申请人的专利情况

评价指标		申请人				
		楚天科技	新华医疗	东富龙	科伦药业	成都中牧生物药业
专利申请活跃度	产业技术领域占比*	1.51%	0.80%	0.74%	0.45%	0.17%
	近五年专利占比**	47.12%	51.26%	61.63%	55.06%	74.76%
专利类型	发明专利占比	29.71%	19.87%	27.31%	13.86%	58.25%
专利有效性	发明	有效51.12% 审查中26.12%	有效47.37% 审查中20.00%	有效38.02% 审查中24.79%	有效62.16% 审查中24.32%	有效20.00% 审查中6.67%
	实用新型有效专利占比	70.82%	61.10%	77.33%	89.13%	0

* 此处为某企业的专利申请量占该领域专利申请总量的比例。

** 2014～2018年专利申请量占该企业专利申请总量的比例。

2.2.4　技术构成

图2-2-4为中药制药装备一级技术分支中国专利技术构成。其中，制剂前处理设备占比最高，为47%；其次是药品包装、灭菌、制剂成型、炮制和制药用水设备，占比依次为19%、14%、12%、7%和1%。由于炮制设备作为中国中药特色技术领域，因此相较于全球而言，中国炮制设备专利申请占比更高。

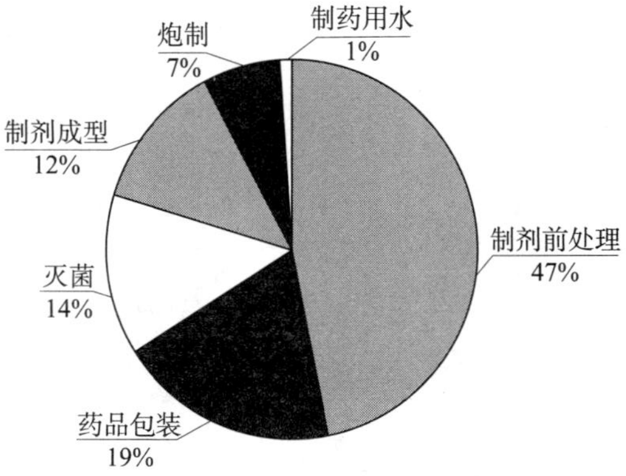

图2-2-4　中药制药装备一级技术分支中国专利技术构成

图2－2－5为中药制药装备一级技术分支中国专利申请趋势。中国专利各一级技术分支领域发展总体态势与基本全球一致，都是制剂前处理设备专利申请量率先增长，药品包装设备在其后成为增长第二迅速的技术领域。但与全球一级技术分支领域专利申请趋势不同的是，中国各一级技术分支领域专利增长趋势更为显著。

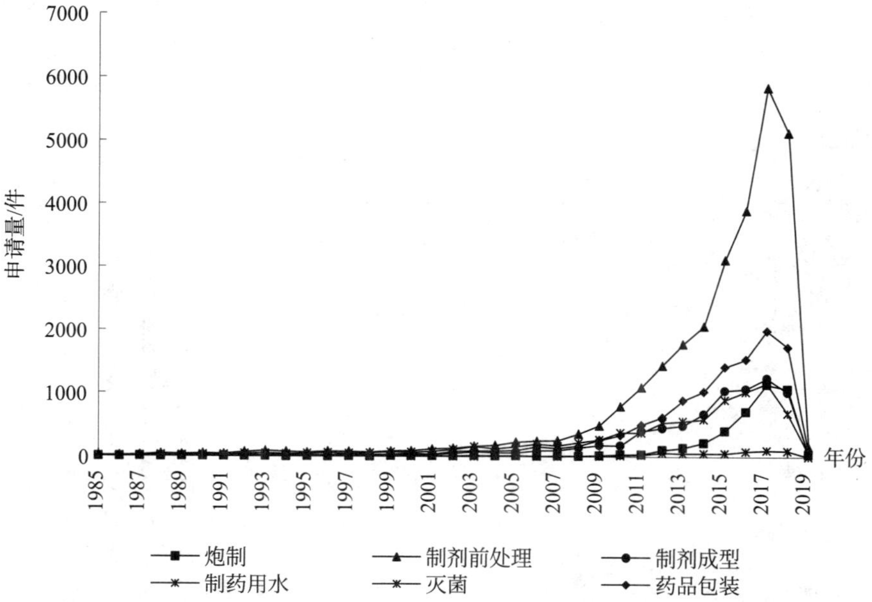

图2－2－5 中药制药装备一级技术分支中国专利申请趋势

2.2.5 法律状态

图2－2－6为中药制药装备中国专利法律状态占比。其中，有效专利占比最高，约为48%；失效专利占比次之，约为39%，国内从业者可以充分利用这些失效专利信息进行研究和使用。通过进一步分析发现，专利权利终止是导致这些专利失效的主要原因，包括专利保护期届满和企业主动放弃专利权（如未按期缴纳年费导致权利终止）等情况。

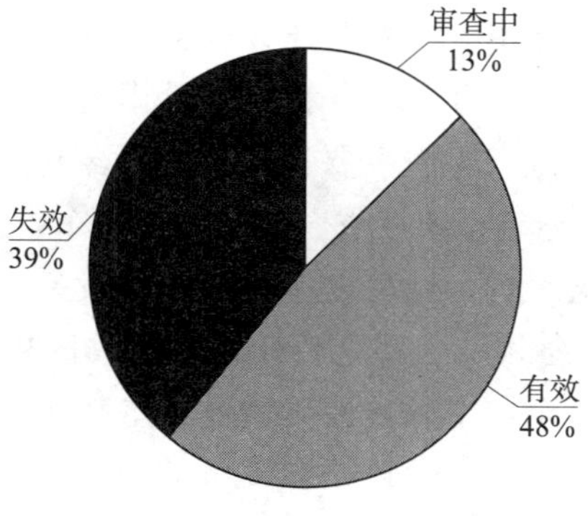

图2－2－6 中药制药装备中国专利法律状态占比

2.2.6 专利运营

专利运营是专利价值体现的重要方式，常见的专利运营方式包括转让、许可、质押及诉讼，其中转让和许可是最常用的专利运营方式。图2-2-7为中药制药装备中国专利许可和转让趋势。全国专利转让活动呈总体上升趋势，已发生转让的专利数量共计3166件，占总申请量的5%。至2019年的近十年，年均专利转让量约166件，已备案的专利许可共计420件。发生转让和许可的专利中，药品封装、膜分离、滤过设备领域占比较多。

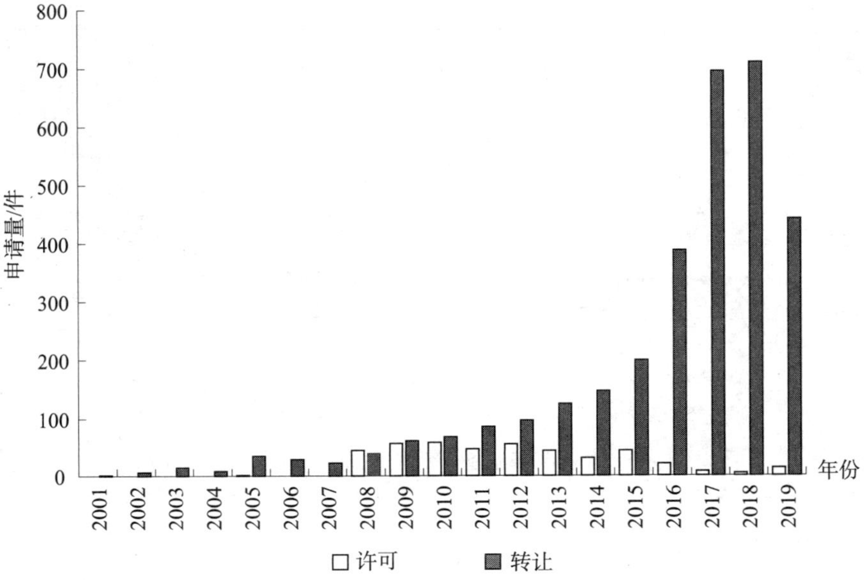

图2-2-7 中药制药装备中国专利许可和转让趋势

2.2.7 小 结

至2019年的近十年，中国专利持续快速增长，申请总量已达全球第一，但实用新型占比近七成。近年国家重视中医药领域，出台一系列法规政策，促进行业发展，同时随着国家产业转型升级、进一步扩大对外开放、知识产权环境不断优化，来自中国的专利申请快速增长，使中国成为全球专利申请量排名第一的国家，但其中实用新型占比高于其他国家，达到69%。国内主要省区市中，药材资源丰富且形成产业集群的省区市专利申请活跃，如江苏省、浙江省、山东省、广东省及安徽省。

专利运营活动逐步显现，药品封装设备、膜分离设备、滤过设备领域专利运营活跃度较高。全国中药制药装备领域已发生转让的专利数量共计3166件，占总申请量的5%。至2019年的近十年，全国专利转让活动呈总体上升趋势，年均转让量约166件。已备案的专利许可共计420件。发生转让和许可的专利中，药品封装设备、膜分离设备、滤过设备领域专利数量较高。

第 3 章　关键技术专利分析

3.1　炮制设备

3.1.1　技术概况

炮制是中药独有工艺，是依据中医药理论，为改变中药性味、改善药材储藏性，将药材加工成饮片时所采取的制药技术。目前中药应用的主要形式是中成药和汤剂，按照药典要求，二者都必须使用中药饮片，而中药饮片必须经过炮制获得。明朝医学家陈嘉谟在《本草蒙筌》中记载：“凡药制造，贵在适中，不及则功效难求，太过则气味反失”，简短几句话概括了炮制程度的重要性。中药饮片炮制工艺是否合理、方法是否恰当，直接影响中药的临床疗效。

中药炮制装备是指对中药材进行净选、洗、润、切、烘、炒、炙等步骤将其制备为中药饮片时所用的设备，是在中药炮制原理指导下，结合具体炮制工艺和饮片生产特点，运用现代科技手段制造而成的设备。目前，有 60 多个品种的炮制设备，其中用于药材形态加工的装备约占 2/3，用于药材性状加工的装备占 1/3。现代炮制设备的研制是中药饮片工业中不可缺少的部分，对中药饮片工业的技术提升和产业化起着举足轻重的作用。因此，中药炮制设备是该领域关注的关键技术之一。1977 年版《中华人民共和国药典》在“炮制”通则下分“净制”“切制”“炮炙”，以后的药典仍沿用此分类法。因此，本课题的炮制设备划分为净制设备、切制设备及炮炙设备三种类型。

净制即净选加工，是药材的初步加工过程。药材的净制主要包含杂质的去除和非药用部分的去除两部分。常用的方法有挑选、筛选、风选、漂洗、剪切、刮削、剔除、刷、擦、碾、撞、压榨等，相应的设备包括风选机、水选机、清洗机等。药材净制后，只有少数可以进行鲜切或干切，多数需要进行适当的软化处理才能切片，因此切制主要包括软化和切药两个工序。软化相关装备包括润药机（润法）、高压喷淋清洗机（喷淋法）、蒸煮锅（蒸、煮法）、漂洗机（漂法）。切药相关装备则包括直线往复式切药机、旋转式切药机、剁刀式切药机。炮炙代表除净制、切制以外的其他方法，主要包括火制（炒法、炙法、蒸法、煅法、煨法）、水火共制（蒸法、煮法、炖法、燀法）以及其他方法（发酵、制霜）。目前炮炙领域具有代表性的常用设备包括炒药机和蒸药机。

在过去很长一段时间里，中药饮片的生产都停留在作坊模式，凭借药工的经验，以手工设备为主，利用片刀、舂筒、药碾等工具完成。由于我国南北地理条件差异大，各地用药习惯不尽一致，逐渐形成了不同的中药炮制流派及各自特有的炮制工具。如江西樟帮等帮派发展出了侧刀、刮刀、铁锚、蟹钳等多种多样的炮制工具。1955 年，全国陆续建立中药饮片厂，开始从传统手工制造向机械生产过渡，开始陆续开发各种炮制机械设备，包括洗药机、润药机、切药机、蒸药机、炒药机、煅药机等，扩大了生产能力；但普遍存在厂房简陋、设备陈旧、技术落后、饮片脚下踩、灰尘满天飞的状况，饮片质量下滑严重。

1985年开始，原中国药材公司受国家委托分别在周口、上海、天津、长春建立4家中药饮片机械厂，推动了炮制机械的专业化、规模化发展。经过国家“十五”“十一五”攻关课题的推动，中药炮制设备的机械化、可控化水平不断提高。进入21世纪以来，饮片行业盈利增加，大量实用新型技术应用于饮片炮制设备，其逐步向自动化方向发展。

近几年，随着互联网技术及人工智能的发展，饮片炮制设备开始向专属化、联动化、信息化、智能化方向发展。例如，未来的净制设备将以药材属性为前提，利用多种技术的有序组合，提高生产效率，保障净制效果。未来的润制设备将结合对不同等级、不同质地药材的软化动力学研究，精准控制软化要素，个性化、针对性地实现对各种等级药材的高效润软。未来的炒制设备将整合近红外、色差仪、电子鼻等新型在线检测设备，实现炮制过程的在线监测。

3.1.2 全球专利地域布局

（1）目标市场国/地区

截至检索日，全球主要国家或地区公开的中药炮制设备专利申请共计4207件。由图3－1－1可知，其中共有4090件专利选择在中国申请，占比高达97.22%，说明炮制技术的市场应用集中于中国，海外市场份额较小。其原因在于中药材加工、炮制在中国有着十分悠久的历史，同时炮制后形成的中药饮片在中国已经形成了巨大的消费市场。

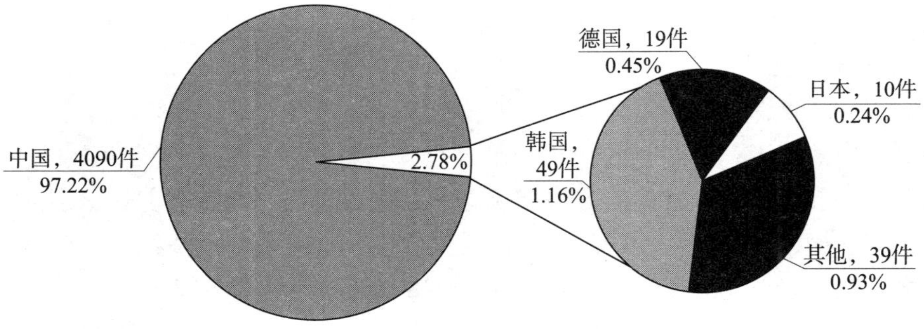

图3－1－1　炮制设备全球专利主要目标市场国/地区分布

中国以外的国家或地区中，韩国专利数量最多，全球专利中进入韩国的数量排名第二。这在一定程度上反映了炮制与药材的产地加工联系密切：韩国的道地药材在国际市场具有较高的知名度，需要经过机器清洗、蒸汽蒸参、自然晾晒、手工筛选、修剪外形等一系列工艺后销往世界各地，因此需要配套的设备进行深加工处理。相比中国市场，韩国仍处于市场“蓝海”。国内炮制设备相关创新主体应在韩国布局专利，积极拓展海外市场。全球专利中进入德国的数量排名第三，主要为切制中草药、农作物、果蔬和香料等的通用切制设备。

（2）技术来源国/地区

截至检索日，全球中药炮制设备相关专利同族合并后共计4195项。由图3－1－2可知，全球中药炮制设备专利中，有4074项来源于中国，占比同样高达97.12%，说明中国是该领域创新主要来源地，而源自其他国家/地区的创新极少，其原因一是炮制是中国特色传统技术，未在全球形成强大的传播力和影响力，二是中药饮片炮制技术受到国家重点保护，《外商投资产业指导目录（2017年修订）》规定“中药饮片的蒸、炒、炙、煅等炮制技术属于禁止外商涉及领域”。将图3－1－1与图3－1－2进行对比，全球公开专利申请4207件，同族合并后4195项，两者相差极小，说明该领域在全球范围的多边申请非常少，本国创新主体很少进行海外专利布局，尤其是中国创新主体缺乏海外专利布局的意识。

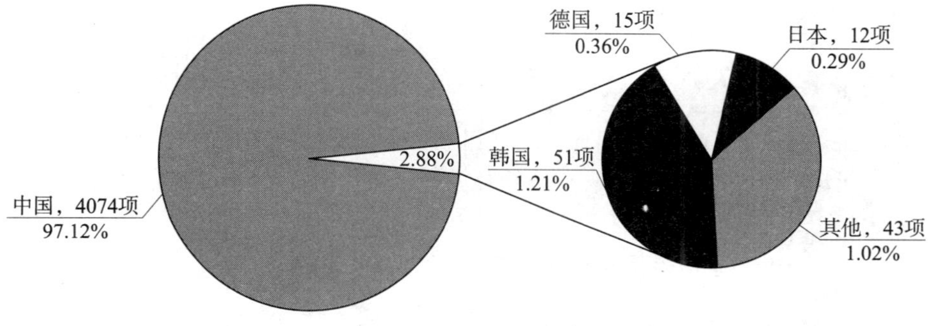

图3－1－2　炮制设备全球专利主要技术来源国/地区分布

3.1.3　中国专利申请分析

3.1.3.1　申请趋势

中国公开的4077件炮制设备专利申请中，发明申请1152件，实用新型2925件。图3－1－3展示了炮制设备中国专利历年申请趋势。从该图可以看出，炮制设备技术领域的专利申请量总体呈现上升趋势。根据该趋势，可以将炮制的发展过程分为技术萌芽期、缓慢发展期和快速增长期三个阶段。

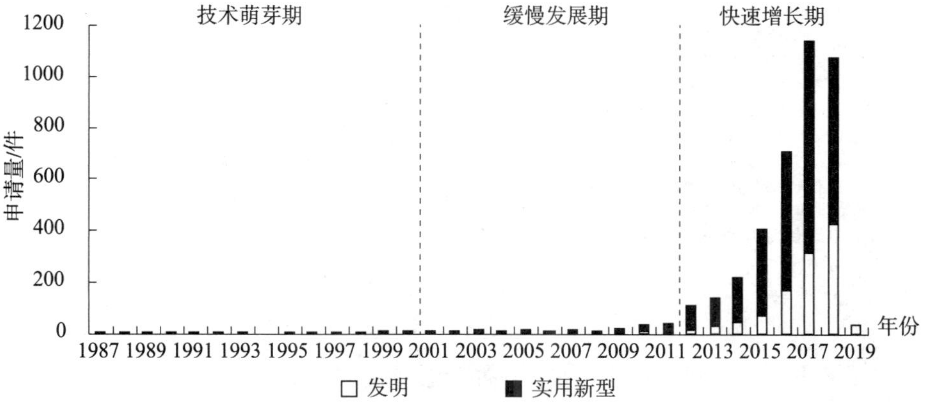

图3－1－3　炮制设备中国专利申请趋势

从技术萌芽期（1987~2000年）来看，该领域最早的专利由常德市商业机械研究所于1987年申请，此后12年间每年均有相关专利申请，但年均申请量较低（约3件）。进一步结合产业信息分析发现，1985年开始，原中国药材公司受国家委托分别在周口、上海、天津、长春建立4家中药饮片机械厂，推动了炮制机械的专业化、规模化发展。检索发现长春制药机械厂在1997年和1998年分别申请了2件浸润罐专利，此外，未再申请炮制相关专利，图3-1-4展示了长春制药机械厂最早的炮制设备专利。另外，检索发现周口制药机械厂在2000年和2001年申请了切制机、洗药机、炒药机、切药机4件炮制专利，此后在2007年前都没有申请相关专利。图3-1-5展示了周口制药机械厂申请于2000年的炮制设备早期专利。由此可见，早在1987年我国研究人员就在炮制设备领域投入了研究，但当时的创新主体知识产权意识薄弱，没有形成持续有效的专利布局。

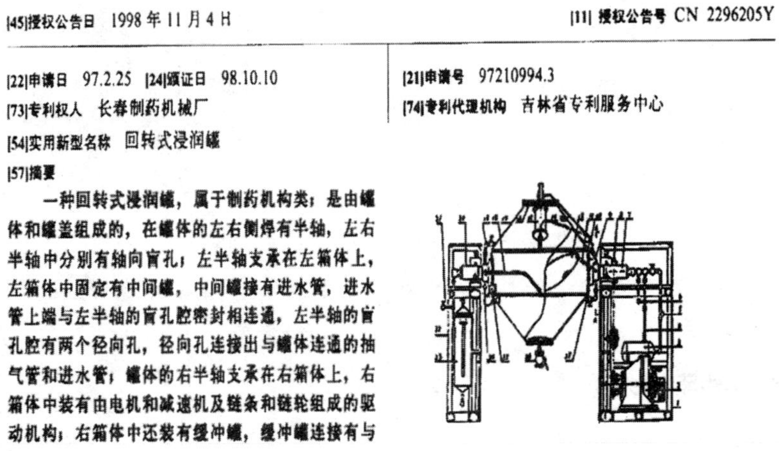
[45]授权公告日 1998年11月4日　　[11]授权公告号 CN 2296205Y

[22]申请日 97.2.25 [24]颁证日 98.10.10　　[21]申请号 97210994.3

[73]专利权人 长春制药机械厂　　[74]专利代理机构 吉林省专利服务中心

[54]实用新型名称 回转式浸润罐

[57]摘要

一种回转式浸润罐，属于制药机构类：是由罐体和罐盖组成的，在罐体的左右侧焊有半轴，左右半轴中分别有轴向盲孔；左半轴支承在左箱体上，左箱体中固定有中间罐，中间罐接有进水管，进水管上端与左半轴的盲孔腔密封相连通，左半轴的盲孔腔有两个径向孔，径向孔连接出与罐体连通的抽气管和进水管；罐体的右半轴支承在右箱体上，右箱体中装有由电机和减速机及链条和链轮组成的驱动机构；右箱体中还装有缓冲罐，缓冲罐连接有与

图3-1-4　长春制药机械厂炮制设备早期专利

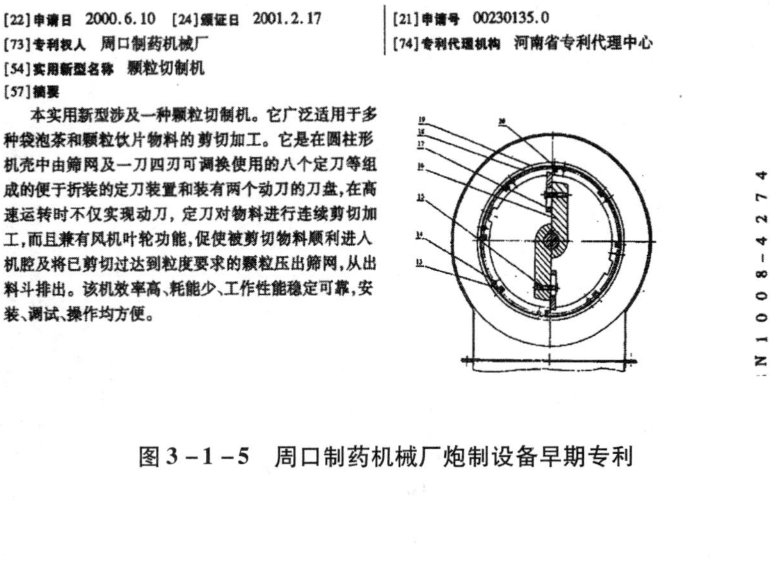
[22]申请日 2000.6.10 [24]颁证日 2001.2.17　　[21]申请号 00230135.0

[73]专利权人 周口制药机械厂　　[74]专利代理机构 河南省专利代理中心

[54]实用新型名称 颗粒切制机

[57]摘要

本实用新型涉及一种颗粒切制机。它广泛适用于多种袋泡茶和颗粒饮片物料的剪切加工。它是在圆柱形机壳中由筛网及一刀四刃可调换使用的八个定刀等组成的便于折装的定刀装置和装有两个动刀的刀盘，在高速运转时不仅实现动刀，定刀对物料进行连续剪切加工，而且兼有风机叶轮功能，促使被剪切物料顺利进入机腔及将已剪切过达到粒度要求的颗粒压出筛网，从出料斗排出。该机效率高、耗能少、工作性能稳定可靠，安装、调试、操作均方便。

图3-1-5　周口制药机械厂炮制设备早期专利

就缓慢发展期（2001～2011年）而言，随着国内行政主管部门对中药饮片行业逐渐重视和监管力度的加强，以及“十五”和“十一五”科技支撑计划对中药饮片行业的相关支持，该领域专利申请量开始缓慢增长，年均申请量约14件。

在快速增长期（2012～2019年），随着我国创新驱动发展战略的明确提出以及一系列促进中药制药领域发展政策的出台，如2015年修正的《药品管理法》（第二次修正）、2016年发布的《中医药法》、2018年国家中医药管理局公布的《古代经典名方目录（第一批）》以及2019年修订的《药品管理法》，极大地刺激了中药炮制设备研究人员创新积极性。该时间段专利申请量大幅增长，尤其以2016年和2017年最为明显，其中2017年专利申请量达1143件，为历年专利申请最高。该时间段专利申请仍以实用新型专利为主，但自进入2018年，实用新型占比有所下降，而发明申请仍保持增长趋势，说明该领域研究人员正从重视专利申请数量向重视申请质量转变。

3.1.3.2　地域布局

图3－1－6展示了炮制设备中国主要省区市专利数量占比。其中，安徽省以666件申请全国排名第一，占比为17%，领先于其他省区市。其原因在于安徽省是全国药材资源大省和全国药材集散地，拥有国内规模最大的中药材专业交易市场（安徽亳州中药材商品交易中心），并形成了产业集群，极大地促进了该省研究人员的技术创新和专利申请积极性。浙江省以421件申请排名第二，占比为11%；四川省以296件申请排名第三，占比为7%；申请量排名前十的省区市专利申请总量在全国占比70%，其他省区市仅占30%。

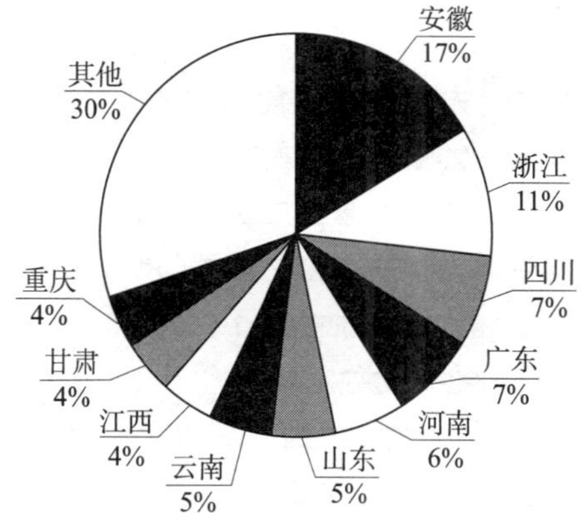

图3－1－6　炮制设备中国主要省区市专利数量占比

表3－1－1进一步展示了炮制设备中国专利申请量排名前十的省区市专利类型对比。可以看出安徽省不仅申请总量排名第一，发明申请量在全国也是最多，但发明申请在安徽省申请总量中占比仅26.43%，相较前十的其他省区市并不太高，尤其是跟河南省对比并无优势。河南省专利申请总量238件，其中发明申请103件，发明占比43.28%，为前十的省区市中最高，说明河南省创新主体发明专利申请的活跃度更高。四川省发明申请109件，占比36.82%，仅次于河南省和浙江省，说明四川省的发明专利申请活跃度也相对较高。

表3-1-1 炮制设备中国专利申请量排名前十的省区市专利类型对比

省区市	发明/件	实用新型/件	总计/件	发明专利占比
安徽	176	490	666	26.43%
浙江	157	264	421	37.29%
四川	109	187	296	36.82%
广东	90	195	285	31.58%
河南	103	135	238	43.28%
山东	40	177	217	18.43%
云南	9	201	210	4.29%
江西	11	164	175	6.29%
甘肃	39	134	173	22.54%
重庆	30	143	173	17.34%

3.1.3.3 主要申请人

图3-1-7展示了炮制设备中国专利数量排名前十的申请人的申请量。由该图可以看出，该领域专利数量排名前十的申请人都是企业申请人，具体包括中药饮片、中成药生产企业7家，制药机械企业2家，食品生产企业1家。炮制设备领域中国专利数量排名前十的申请人的专利数量占全国炮制设备专利申请总量的6%，尚未形成一家独大或几家独大的局面，技术创新主体较为分散，专利技术产业集中度较低。

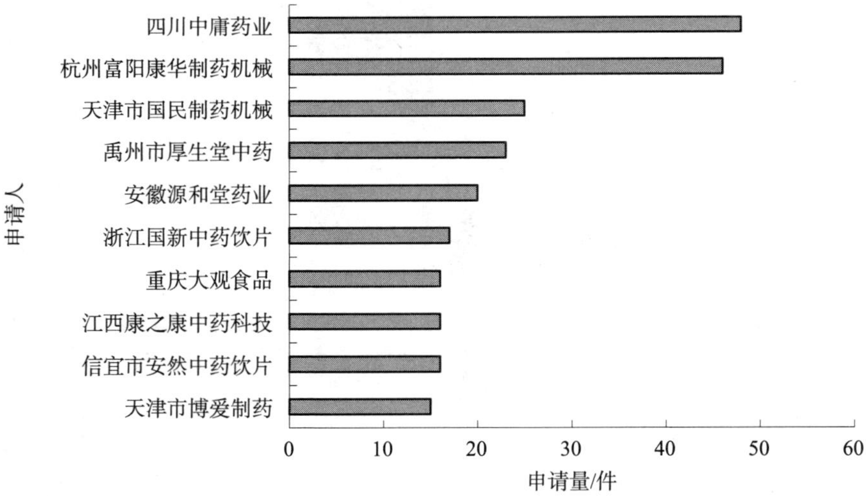

图3-1-7 炮制设备中国专利数量排名前十的申请人的申请量

表3-1-2展示了炮制设备中国专利申请人类型及申请情况。由该表可知，我国中药炮制设备领域专利申请人以企业为主，申请量占比为70.3%；其次是个人，占比为23.2%；高校和科研院所申请量均较少，占比分别为5.1%和1.4%。高校和科研院

所为我国中药制药工业重要创新主体之一，其在中药炮制设备领域的专利占比却明显较低，说明高校和科研院所在制药设备领域创新程度不足。

表3-1-2　炮制设备中国专利申请人类型及申请情况　　单位：件

申请人类型	发明	发明授权	实用新型	总量
企业	628	86	2193	2907
个人	371	26	561	958
高校	52	8	152	212
科研单位	12	4	40	56

3.1.3.4　技术构成

图3-1-8展示了炮制设备二级技术分支专利申请量及专利类型分布。从总量上看，切制设备申请量最多，共计1904件，其中发明539件，实用新型1365件，发明占比28%，是三个技术分支中发明占比最高的，说明该技术分支创新活跃度和创新水平相对较高；同时因为切制设备中包含很多切制中草药、农作物、果蔬和香料等的通用切制设备，相对净制和炮炙设备，具有更广泛的应用市场，这也是该领域专利申请多、创新活跃的一个原因。净制设备申请量1305件，其中发明占比27%，略低于切制设备。炮炙设备申请量832件，其中发明占比20%，为三个技术分支中最低。该领域产业调研结果也印证了上述现象：中药特色的炮制设备技术创新整体相对落后，其中，净制、切制处于“工业2.0”，而炮制技术的核心炮炙最为落后，处于“工业1.0”。其原因在于，炮炙是中药炮制核心环节，直接影响到中药的临床疗效，其中的炒制、酒炙、蜜炙、研制、蒸制等环节，讲究温度、火候、时间的精准控制，创新的门槛更高；同时又是中医药特色领域，需要与药材本身结合，难以从其他国家、行业借鉴。

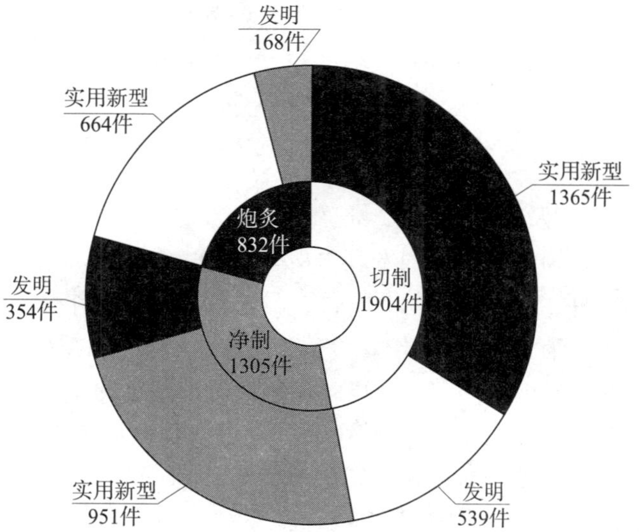

图3-1-8　炮制设备二级技术分支专利申请量及专利类型分布

3.1.3.5 技术发展路线

2000年以前，我国中药饮片生产壁垒较低，炮制设备领域专利技术极少；2000年以后，随着国家对中药饮片行业提高质量监管，推动了炮制设备领域技术创新能力的逐步提升。图3-1-9示出了我国中药炮制设备2000～2019年的专利技术发展路线，对炮制设备三大技术分支在不同时间段的重点专利信息进行了梳理。随着中药饮片行业逐步发展，2000～2005年，炮制设备专利技术创新主要为以机械替代手工，提高中药炮制效率等方向；2006～2010年，随着国家GMP改造推进，该领域技术发展集中于对炮制设备细节及自动化控制的改进；2011～2015年，该领域重点关注设备的生产能力、生产适应性等方面的改进；2016～2019年，该领域技术创新方向为精准控制、炮制全流程一体化设备的改进。预计在未来，中药炮制设备将进一步朝着集成化、节能化和信息化方向发展。需要说明的是，尽管炮炙设备领域出现了集成化、自动化及精准控制的专利申请，但数量总体较少；相比切制设备和净制设备，炮炙设备仍处于落后地位。

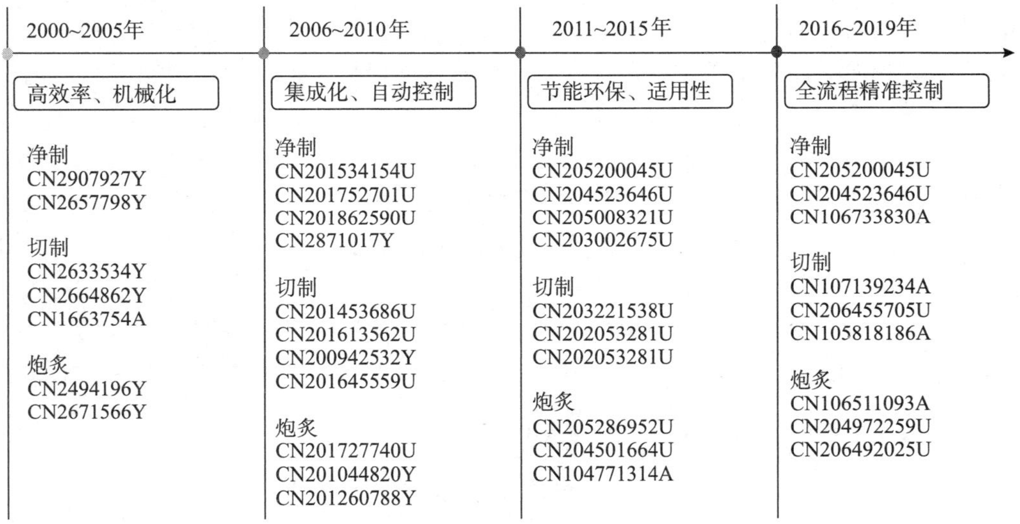

图3-1-9 炮制设备中国专利技术发展路线

3.1.3.6 专利申请类型及法律状态

表3-1-3展示了炮制设备中国专利申请类型及法律状态。在1152件发明申请中，处于审查中的有802件，已经失效的239件，目前有效的111件，可以看出绝大部分发明申请处于审查中，而有效发明占比仅10%。造成这种现象的原因之一在于我国发明专利审查周期约2年，结合图3-1-3可知炮制设备近两年的发明申请较多，这些专利大部分尚处于审查中，而没有结案。图3-1-10进一步统计了中国失效专利的寿命分布，从1年到10年及以上，相关专利数量呈依次递减趋势。在1年内失效的专利有515件，占失效专利的45%，说明该领域很多专利申请没有发挥其应有的市场价值，也在一定程度上说明该领域专利申请人在专利申请之初对专利申请定位及其授权后的运营缺乏长远规划，导致产生大量盲目的专利申请。

表 3-1-3　炮制设备中国专利申请类型及法律状态　　单位：件

专利类型	审查中	失效	有效	总计
发明	802	239	111	1152
实用新型	—	902	2023	2925
总计	802	1141	2134	4077

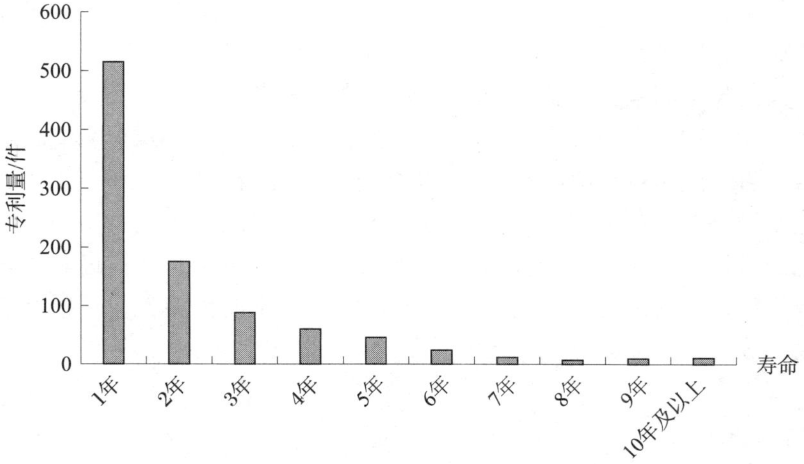

图 3-1-10　炮制设备中国失效专利寿命分布

3.1.4　业内代表性饮片生产企业专利分析

课题组通过产业调研，得到业内代表性饮片生产企业名单。为进一步明晰该领域产业存在的问题，本小节充分融合产业与专利信息，针对业内配备了中药饮片联动生产线的 3 家饮片生产企业的专利现状进行深入分析。

表 3-1-4 为业内代表性饮片生产企业炮制设备专利申请现状。如表 3-1-4 所示，安徽源何堂药业股份有限公司共申请专利 172 件，其 20 件的炮制设备专利量仅占总量的 12%，其中仅有 2 件炮炙专利，分别为蒸煮软化装置、蜜炙机；安徽亳州沪谯药业有限公司共有专利申请 20 件，其中炮制设备专利仅 6 件，涉及炮炙的炒药机专利 2 件，均处于失效状态；安徽普仁中药有限公司自身无专利申请，受让专利 11 件，均为有效发明，其中炮制分支的净制设备 1 件，即“节水型中药清洗烘干装置”，在核心的炮炙领域无专利。

表 3-1-4　业内代表性饮片生产企业炮制设备专利申请现状　　单位：件

企业名称	专利量	炮制设备专利量	炮炙设备专利量
安徽源何堂药业股份有限公司	172	20	2
安徽亳州沪谯药业有限公司	20	6	2
安徽普仁中药有限公司	11	1	0

可见，业内饮片生产企业均在炮制设备的技术创新和专利布局上存在不足，尤其

是在炮炙设备上的专利申请更低。然而要加强中药炮制设备技术创新必须加强炮炙设备创新，而这个领域没有可以借鉴的国外成熟技术，只能靠国人自主创新。

3.1.5 小　结

从专利布局区域来看，受传统消费市场及国家保护政策影响，中国成为炮制设备领域全球专利最大目标市场与技术来源国，专利申请量占比高达97%。从专利申请态势来看，2014~2019年为该领域技术爆发性增长期，其中以切制设备发展最为迅速；由于对炮炙设备技术的掌握需要长时间经验积累，炮炙设备专利发展相对缓慢。从中国专利地域布局来看，安徽省是全球最大的中药材集散中心，专利申请量居全国第一；浙江省、四川省、广东省、河南省为专利申请量较多的省份。从专利技术发展路线来看，我国炮制设备技术创新经历了以机械替代手工—自动化控制—生产适应性增强—设备集成化的过程。从业内代表性饮片生产企业专利分析来看，其最具中药特色的炮炙设备创新不足，反映出国内创新主体对国外成熟技术的依赖性，在没有国外技术借鉴的炮炙设备领域技术创新程度较低。

3.2 制丸设备

3.2.1 技术概况

中药丸剂是指饮片细粉或提取物加适宜的黏合剂或其他辅料制成的球形或类球形制剂，其按辅料不同主要分为水丸、蜜丸、水蜜丸、浓缩丸、糊丸、蜡丸等。中药丸剂始于先秦、延至现代，是具有中国特色的传统而经典的剂型。我国较早的医方集《五十二病方》中所记载药物剂型最常用的是丸剂。《新编国家中成药》中一共收录丸剂1358种。2015年版《中华人民共和国药典》（一部）共收录单味制剂及中药成方制剂1493种，其中丸剂466种，约占31.21%。

丸剂为具备中医药特色的药品制剂成型剂型，相应地，制丸设备也为我国中药特色专用制药设备。国内制丸设备的研究开发随着国内中药制药产业的发展取得了较大进展，规格越来越丰富，但制丸设备在应用中的适宜性仍有待提高。中药丸剂最常用的制备方法为泛制法、塑制法和滴制法。不论何种方法，丸剂的成型均不是多味药材之间的简单机械挤压、混合，其间存在药物各成分间以及药物与辅料间的相互作用。由于丸剂类型以及原辅料的不同，丸块黏性差异较大，制丸过程中常出现成型性差、黏轮、丸剂外观不够圆整、丸条挤出过程受热较高等问题，应用中常需进行大量的工艺摸索。因此，尚需针对不同类型丸剂、不同黏性丸块设计开发专有的制丸设备。

3.2.2 全球专利分析

截至检索日，全球范围内公开的制丸设备相关专利申请共796件，合并同族后共计766项。本小节基于该专利数据从专利申请趋势、地域布局、主要申请人和技术构成4个方面进行全球专利现状分析。

3.2.2.1　申请趋势

图3－2－1展示了制丸设备全球专利申请趋势。可以看出，制丸设备领域的专利申请量总体上呈现增长态势，根据该趋势曲线的走势，将制丸设备的发展过程分为下述三个阶段。

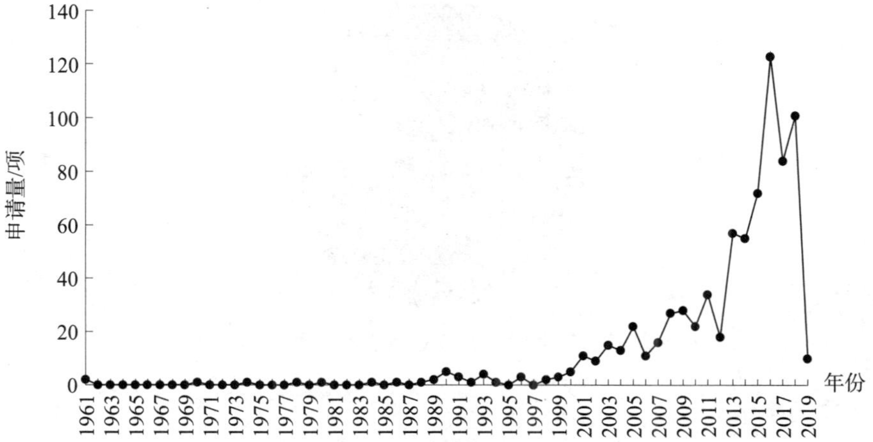

图3－2－1　制丸设备全球专利申请趋势

①1961～2000年为技术萌芽期。制丸设备专利申请始于20世纪60年代。②2001～2012年为缓慢发展期，在这段时间里，关于制丸设备的专利量开始逐年增加，从几件增长到几十件。③2013～2019年为快速发展期，经过几十年的技术沉淀，在2013年以后，受中药制药装备政策的支持以及制丸生产企业需求增加的影响，大量创新主体投入制丸设备研发，专利申请量较之前有明显提升，从2012年的18项增加到2016年的123项，增长了近6倍。

3.2.2.2　地域布局

（1）目标市场国/地区

图3－2－2展示了制丸设备全球专利目标市场国/地区分布。可以看出，制丸设备专利申请目标市场国/地区主要是中国，其专利申请量占全球总申请量的90%，其他目标市场国/地区专利申请量占比仅为10%。

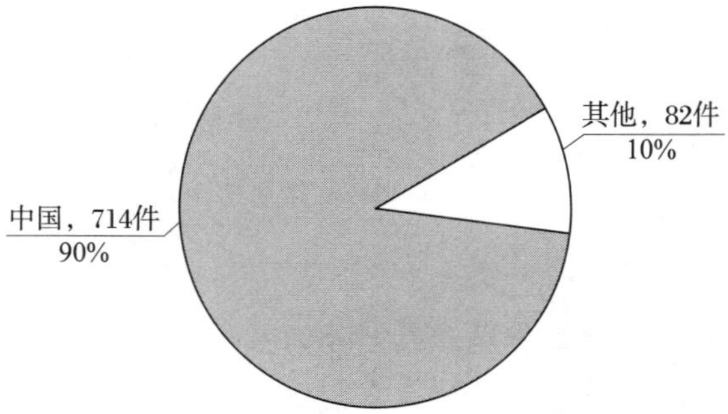

图3－2－2　制丸设备全球专利目标市场国/地区分布

（2）技术来源国/地区

图3－2－3展示了制丸设备全球专利技术来源国/地区分布。可以看出，中国是该领域全球最大的技术来源国，优先权国为中国的专利申请的数量占全球总量的91%，优先权国/地区为其他国家或地区的专利申请数量仅占9%。

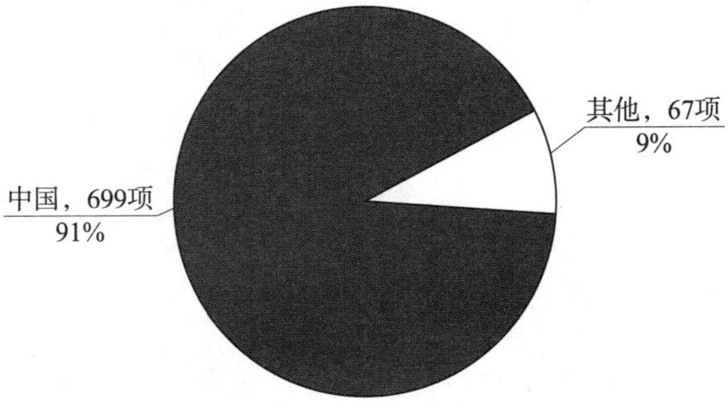

图3－2－3　制丸设备全球专利技术来源国/地区分布

3.2.2.3　主要申请人

图3－2－4展示了制丸设备全球专利数量排名前十的申请人的申请量，包括9位中国申请人、1位韩国申请人，说明在该领域中国申请人占据了绝对的技术优势。

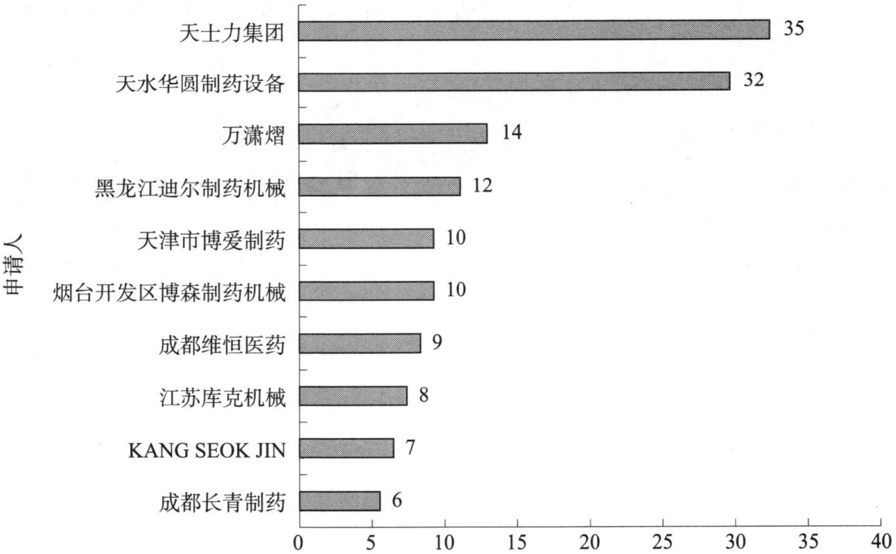

图3－2－4　制丸设备全球专利数量排名前十的申请人的申请量

3.2.2.4　技术构成

制丸设备专利按照产品类型分类，可划分为专用制丸设备、通用制丸设备和设备部件。图3－2－5为制丸设备全球专利技术构成。可以看出，通用制丸设备和专用制丸设备占比较高，分别为39%和37%，设备部件占比24%。进一步分析专用制丸设备发现，就不同丸剂类型而言，滴丸制丸设备占比最高，专利数量在制丸设备全球专利技术中占比29%，技术创新活跃度高。滴制法作为固体分散新剂型在中药领域的应用，近年来技术发展最为迅速，特别是在治疗心血管疾病方面优势明显。国家食品药品监督管理局发布的中药滴丸批准文号有70余个，其中用于心血管系统的中药滴丸有20余种。其他类型的丸剂，如蜜丸、浓缩丸、水丸、蜡丸等，其制造设备专利数量占比偏低，技术创新活跃度相对较低。

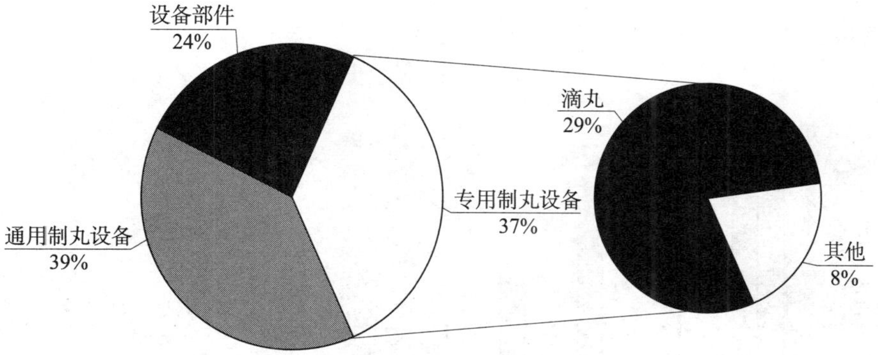

图3-2-5　制丸设备全球专利技术构成

3.2.3　中国专利分析

为了解制丸设备中国专利现状，本小节对该领域的中国专利申请趋势、地域布局和法律状态进行分析。

3.2.3.1　申请趋势

图3-2-6展示了制丸设备中国专利申请趋势。可以看出，中国制丸设备专利申请量总体呈现波动上升趋势。因中国专利占全球专利数量的90%，其申请趋势与全球专利申请趋势具有一致性。

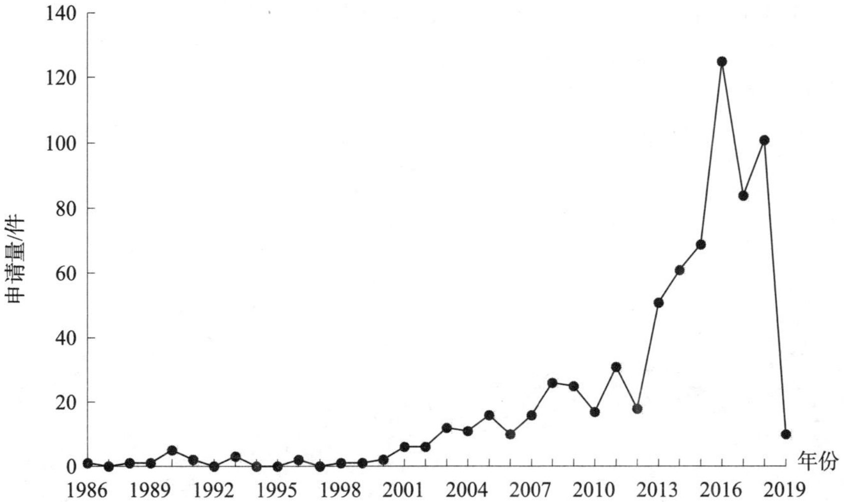

图3-2-6　制丸设备中国专利申请趋势

3.2.3.2 地域布局

图3-2-7展示了制丸设备中国专利申请量排名前十的省区市。由该图可知，天津市、浙江省、山东省是制丸设备专利申请量的排名前三位，其专利申请量分别为102件、89件和70件，分别占国内制丸设备专利申请总量的14.3%、12.5%和9.8%。甘肃省位列第四，其专利申请量为59件。其他上榜省区市的申请量较少，均在50件以下。

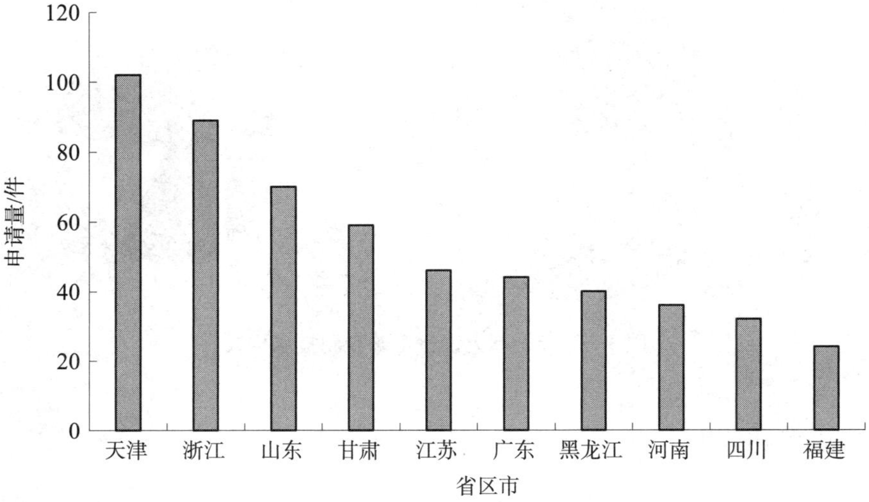

图3-2-7 制丸设备中国专利申请量排名前十的省区市

表3-2-1为制丸设备中国专利申请量排名前十的省区市申请人类型占比。从各省区市专利申请人类型来看，天津市、广东省、四川省企业专利数量占比较高，占比均超过80%，一定程度上反映出我国这些省区市制丸设备领域产业化程度较高。

表3-2-1 制丸设备中国专利申请量排名前十的省区市申请人类型占比

省区市	企业	高校院所	个人	其他
天津	84%	10%	5%	1%
浙江	33%	4%	62%	1%
山东	52%	16%	31%	1%
甘肃	79%	7%	14%	0
江苏	63%	4%	33%	0
广东	82%	2%	11%	5%
黑龙江	62%	13%	25%	0
河南	66%	3%	28%	2%
四川	87%	0	13%	0
福建	46%	0	54%	0

3.2.3.3 专利申请类型及法律状态

表3－2－2展示了制丸设备中国专利申请类型及法律状态。如表3－2－2所示，制丸设备中国专利申请类型以实用新型为主，共486件，占比69%，其中实用新型有效专利为276件，失效专利为210件；其余为发明专利，共214件，其中有效发明专利为38件，处于审查中状态的发明专利申请为105件，失效发明专利为71件。

表3－2－2 制丸设备中国专利申请类型及法律状态 单位：件

专利类型	审查中	失效	有效	总计
发明	105	71	38	214
实用新型	—	210	276	486
总计	105	281	314	700

3.2.4 天士力集团滴丸设备专利分析

由上述分析可知，滴丸设备日益成为中药丸剂制备设备的核心技术领域。天士力集团作为制丸设备专利申请量第一的申请人，致力于中药滴丸设备研究。在此以重点申请人天士力集团为例，深入分析其滴丸设备专利技术布局及专利申请策略。

3.2.4.1 专利储备

按照中药滴丸生产流程，滴丸生产设备主要包括五个细分系统：喂料、滴制、冷凝、分离及干燥系统（参见图3－2－8）。喂料是指将主药、辅料等称重后进行加热和混合得到混合物料输入滴罐；滴制指在滴罐中加热物料后通过滴头滴制；冷凝指滴丸进入冷却液进行冷却后输送；分离指分离脱除滴丸表面的冷却液；干燥指中药滴丸进行流化干燥等。

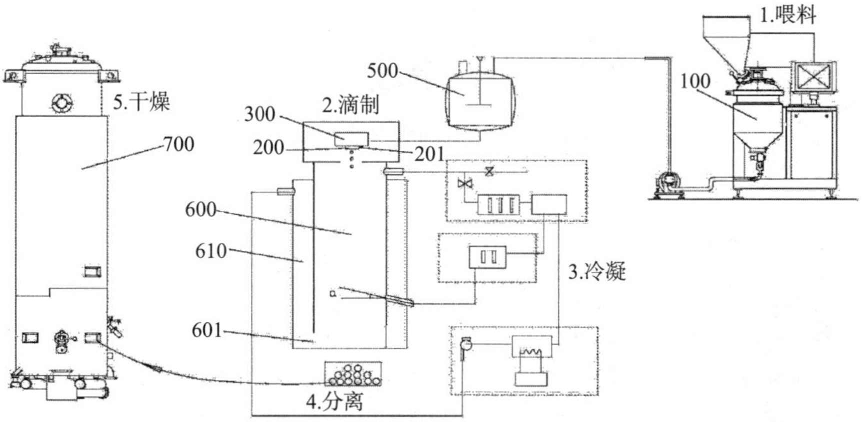

图3－2－8 中药滴丸生产流程

截至检索日，天士力集团共申请滴丸设备相关专利35项，包括喂料1项、滴制17项、冷凝8项、分离6项和干燥3项，其中滴制和冷凝是天士力集团重点布局的技术领域，占比分别为48%和23%（参见图3－2－9）。

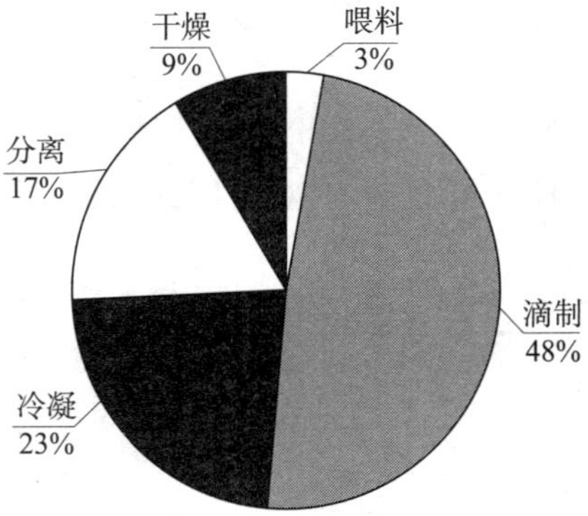

图3－2－9　天士力集团滴丸设备专利技术构成

图3－2－10展示了天士力集团滴丸设备专利技术效果。由该图可以看出，天士力集团主要围绕GMP相关规定，对中药滴丸设备存在的清洁死角、交叉污染、溶剂残留等问题进行改进；此外，还对中药滴丸设备的高速滴制、成型效果、圆整度进行技术改进，以提高中药滴丸设备的效能。

图3－2－10　天士力集团滴丸设备专利技术效果

注：图中汉字字号大小代表相关申请量的多少。

3.2.4.2　专利布局策略

图3－2－11（见文前彩色插图第1页）展示了天士力集团中药滴丸设备专利技术布局。由该图可以看出，自2006年以来，天士力集团围绕其核心产品复方丹参滴丸的制备技术，申请设备专利组合。专利组合中滴制和冷凝系统是核心技术，分离、干燥、喂料系统为外围技术。值得注意的是，在2014年，天士力集团以滴丸的“振动滴制”工艺为技术突破点，带动了其设备创新，围绕振动滴制工艺布局了多项外围专利。

图3－2－12（见文前彩色插图第2页）为天士力集团中药滴丸设备冷凝系统专利技术路线。从布局方向看，气冷和液冷是两大布局重点；从时间维度看，2006年布局

重点在液冷，2007年布局重点在气冷，2014年重点在于配合其新技术“振动滴头”来布局冷凝设备；从布局模式上看，对气冷采取了路障式的布局模式，即将实现气冷这一目标的多个关键技术（管内气冷、管外冷阱、管外冷阱+管内冷风）均申请专利。

图3-2-13通过文字云展示了天士力集团滴丸冷凝系统专利所解决的技术问题或产生的技术功效，其中减少清洁死角、防止药剂粘连、避免交叉污染和溶剂残留、满足GMP要求相关的专利最多，其次是简化工序、提高自动化程度、节省冷媒等专利。

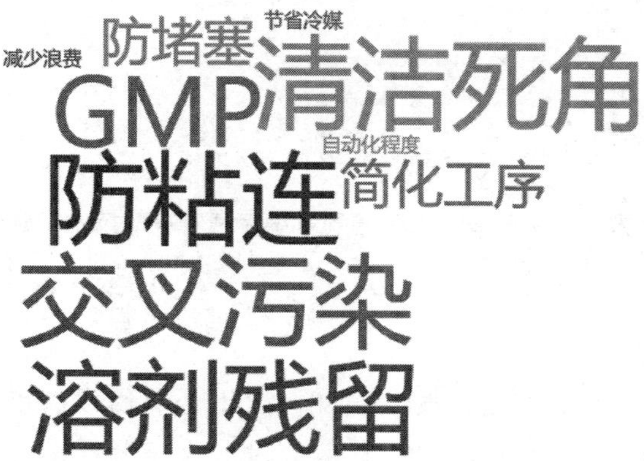

图3-2-13 天士力集团中药滴丸设备冷凝系统专利解决的技术问题或产生的技术功效

注：图中汉字字号大小代表相关申请量的多少。

图3-2-14为天士力集团中药滴丸设备滴制系统专利技术路线。在滴制环节，天士力集团2008年对滴盘环状多边形安装孔及滴头变径通道进行专利布局；2009年，对滴灌分离清洗装置、滴头滴制距离调节装置进行专利布局；2014年，针对其2013年申请的CN104274416A“一种振动滴制为滴丸的方法”布局了振动滴头外围专利。

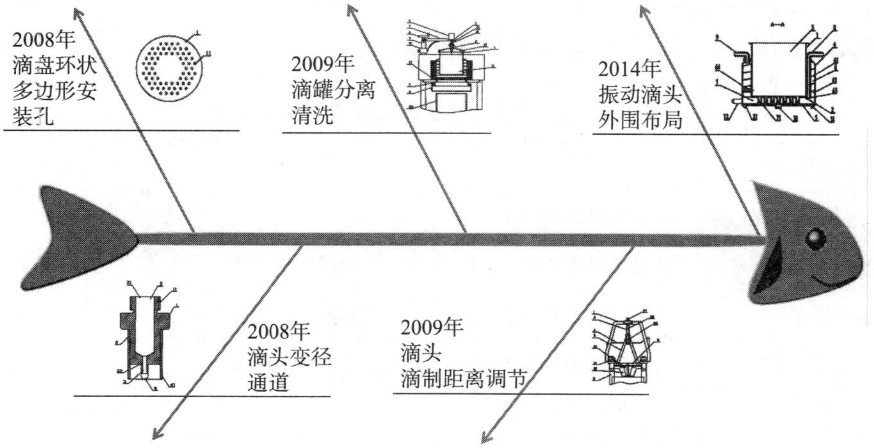

图3-2-14 天士力集团中药滴丸设备滴制系统专利技术路线

图3-2-15通过文字云展示了天士力集团滴丸滴制系统专利所解决的技术问题或产生的技术功效。可以看出提高滴丸圆整度、成型效果、滴制速度和载药量是天士力集团专利技术聚焦的重点；其次，滴制大丸和微丸、增大滴制设备适用范围使其能同

时滴制大丸和微丸，也在天士力集团的专利申请中占有一定比例。

图3-2-15　天士力集团中药滴丸设备滴制系统专利解决的技术问题或产生的技术功效

注：图中汉字大小代表相关申请量的多少。

3.2.4.3　专利申请策略

天士力集团的核心产品为复方丹参滴丸。由于药品研发、审批周期漫长，在构建其核心产品复方丹参滴丸制备设备的专利组合时，为充分保护其市场，天士力集团充分利用了本国优先权[1]制度。其技术方案为“气冷滴丸生产线”和“液冷滴丸生产线”，分别要求了专利号为CN201310290968.8和CN201310291464.8的滴丸制备工艺本国优先权，形成多项同族专利（参见表3-2-3和表3-2-4）。可以看出被要求优先权的专利申请日是2013年7月11日，在后同族专利申请日为2014年7月11日——恰好在优先权规定的12个月期限的最后一天。通过这种要求国内优先权的方式，在后同族专利客观上“延长”了一年的保护期，因为根据《专利法》第42条的规定，专利期限均自申请日起计算，而不是从优先权日起计算。天士力集团通过这种申请策略，既抢占了专利申请先机，又“延长”了专利期限。

表3-2-3　CN201310290968.8及同族专利

类型	申请号	名称	申请日
国内优先权	CN201310290968.8	—	2013年7月11日
国内同族	CN201420387451.0	气冷滴丸生产线	2014年7月11日
国内同族	CN201410334580.8	气冷滴丸生产线	2014年7月11日
国内同族	CN201410330970.8	气冷滴丸生产线	2014年7月11日
国内同族	CN201410331055.0	气冷滴丸生产线	2014年7月11日
国内同族	CN201420384495.8	气冷滴丸生产线	2014年7月11日
国内同族	CN201410330551.4	气冷滴丸生产线	2014年7月11日

[1] 国内优先权，又称为“本国优先权”，是指专利申请人就相同主题的发明或者实用新型在中国第一次提出专利申请之日起12个月内，又向中国国家知识产权局提出专利申请的，可以享有优先权。

表 3-2-4 CN201310291464.8 及同族专利

类型	申请号	名称	申请日
国内优先权	CN201310291464.8	—	2013年7月11日
国内同族	CN201410330553.3	液冷滴丸生产线	2014年7月11日
国内同族	CN201410333565.1	液冷滴丸生产线	2014年7月11日
国内同族	CN201420383998.3	液冷滴丸生产线	2014年7月11日

3.2.5 小 结

从全球来看，制丸设备专利申请主要集中于中国，占全球总申请量90%；全球专利申请量排名前十的申请人中有9位中国申请人。全球通用制丸设备和专用制丸设备专利占比较高，设备部件专利占比较低。国内天津市、浙江省、山东省是制丸设备专利申请量排名前三的省区市。天津市、广东省、四川省企业专利数量占比较高。滴丸剂作为固体分散制剂新剂型在中药领域的应用带动了滴丸设备技术创新活跃度的提高。天士力集团为该领域代表性技术创新主体，其专利布局策略包括以滴制、冷凝部件为核心，分离、干燥、喂料部件为外围的制丸设备专利布局；以制药工艺带动设备改进，以滴丸制备工艺为优先权，滴丸生产设备为后续专利申请，充分利用优先权制度延长其核心技术专利保护期限。

3.3 干燥设备

3.3.1 技术概况

干燥是除去物料中大部分水分，以便后期加工、贮存的工序。在中药制药过程中，需进行干燥的中药物料包括中药材、中药浸膏、湿法制粒所得中药湿颗粒以及蒸气灭菌后的中药材、中药原粉等。中药制药领域最为古老的干燥方式为自然干燥，主要用于药材干燥。该方法具备操作简单、成本低，但干燥时间长，遇阴雨天药材易腐败变质、易受环境污染、干品品质较低的特点。为克服自然干燥的不足，热风干燥法出现，并成为目前应用最为广泛的干燥方法；较自然干燥相比，提高了干燥效率、避免了天气与环境的影响，但热效率低，且在较高温度与氧气的环境下易引起药材质量劣变。

干燥具有高能耗特征。据不完全统计，全球20%~25%的能源用于工业化的热力干燥。我国干燥作业涉及国民经济的广泛领域，同时也是我国的耗能大户之一，其能耗占国民经济总能耗的12%左右。中药制药行业是我国国民经济的重要组成部分，干燥为中药制药过程中的重要工序之一，但中药物料干燥往往费时、效率低下、能耗高，尤其是中药浸膏由于黏性强、透气性差而干燥十分困难。近年来，随着国家经济结构调整转型和供给侧结构改革的不断深入，已发布的《中医药发展战略规划纲要(2016—2030年)》等已明确必须坚持绿色发展，对传统高耗能、高污染、低小散等企业动真格，中药干燥行业面临着重大挑战和发展机遇。

随着中药制剂现代化发展，为满足现代中药制剂需要，现代干燥技术从食品、农林行业引进，如喷雾干燥（可用于多种液态物料的减压干燥，适用于较低相对密度中药浓缩液）、流化床干燥（集制粒、混合、干燥于一体）、冷冻干燥（主要用于高附加值产品的液体物料）等。此外，一些热能利用率高、干燥速度快、物料受热温度低的新型干燥方法逐渐见诸报道，如热风干燥、高压电场干燥、低温喷雾干燥等。任何一种干燥技术的引入，都需根据中药物料的性质选择适宜的干燥工艺，且需根据不同中药物料的特性研制适宜性强的新型干燥设备，以满足生产需要。

3.3.2 全球专利分析

截至检索日，全球公开制药干燥设备相关专利申请共计 8304 件，合并同族后共 7849 项。本小节基于该专利数据从专利申请趋势、地域布局、技术构成和技术发展路线 4 个方面进行全球干燥设备专利分析。

3.3.2.1 申请趋势

图 3－3－1 展示了干燥设备全球专利申请趋势。1977 年以前专利申请量较少，年专利申请量未超过 10 项，为技术萌芽期，主要申请人来自日本、韩国、德国、美国等工业发展较早的国家。1978～2008 年，专利申请量呈波动上升趋势，从 1978 年的 15 项增长到 2007 年的 157 项，年均专利申请量为 45 项，为缓慢发展期。自进入 2009 年，药品干燥设备专利申请进入快速发展期，专利申请量呈现井喷趋势，从 2009 年的 168 项增长到 2017 年的 1286 项；2009～2017 年的年均申请量为 585 项，是上一阶段的 13 倍。

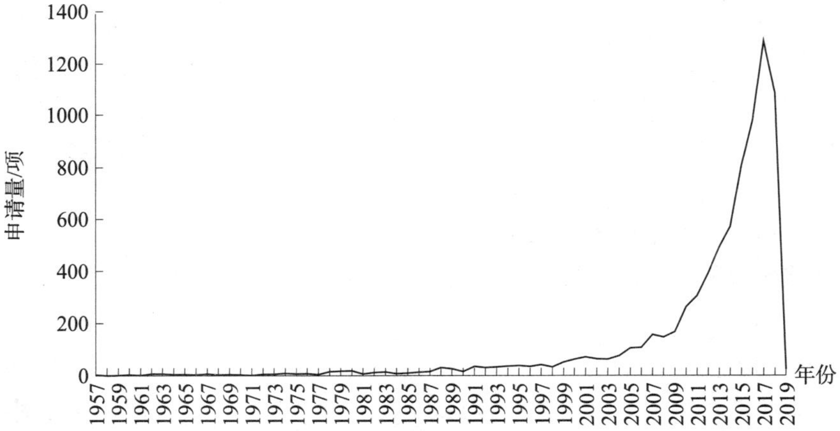

图 3－3－1 干燥设备全球专利申请趋势

3.3.2.2 地域布局

（1）目标市场国/地区

图 3－3－2 展示了干燥设备全球专利目标市场国/地区占比。在该领域中，中国、美国、日本、俄罗斯、欧洲、德国、韩国这 7 个国家/地区作为目标市场的占比分别为

77%、5%、3%、2%、2%、2%和2%，总和高达93%，是全球主要目标市场国/地区。

（2）技术来源国/地区

图3-3-3展示了干燥设备全球技术来源国/地区占比。在该领域中，中国、美国、日本、德国、俄罗斯、韩国是主要的技术来源国，占比分别为81%、5%、3%、2%、2%、1%。中国是干燥设备最大的技术来源国，来源于中国的专利在数量上占绝对优势，从某种程度上能够反映出中国是制药干燥设备研究和应用开发最活跃的国家之一。美国和日本是排名第二和第三的技术来源国，虽然专利申请量远远不及中国，但原创实力仍然较高。表3-3-1展示了美国、日本的代表性原创制药干燥设备。

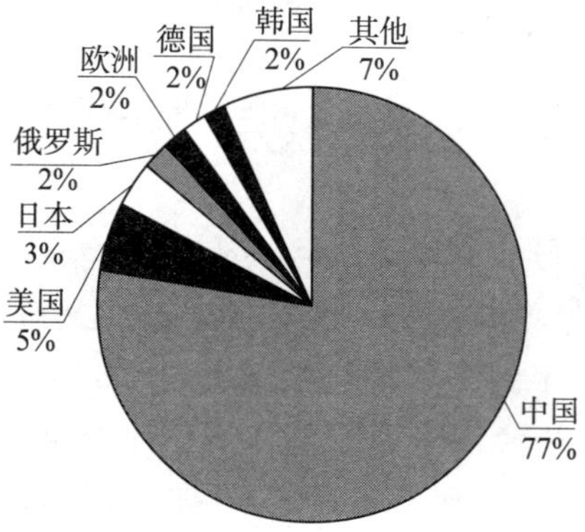

图3-3-2 干燥设备全球专利目标市场国/地区占比

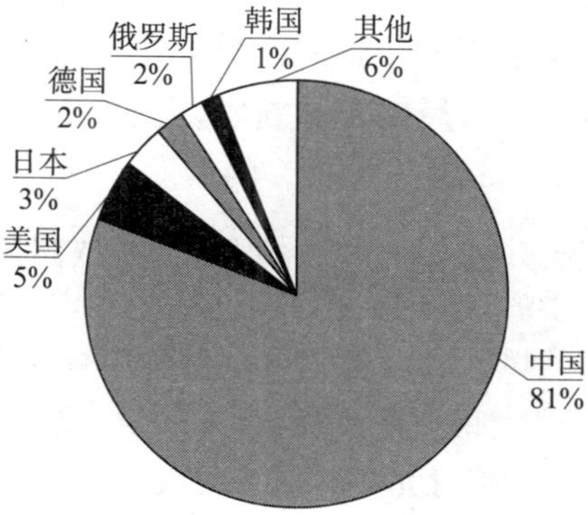

图3-3-3 干燥设备全球技术来源国/地区占比

表3-3-1 美国、日本的代表性原创制药干燥设备

国家	企业	产品	技术优势
美国	Labconco	冷冻干燥机	结构合理，使用灵活，满足不同客户的多样需求；冻干机主机材质为环氧树脂涂层钢机壳，酚醛树脂台面；冷阱温度为-50~84℃；电热式除霜
	STIK	减压干燥箱	内胆开口采用龙门刨加工确保整体平面性，达到密封性，保持长久的减压度；采用优质紫铜和铜管接头组合而成的减压系统，可保证关闭减压泵和阀门后48小时内无减压度泄漏；内胆四面直接加热方式，温度上升更快，更均匀；科学的传感器放置位置，可显示腔体内几何中心点的实际温度
日本	TAITEC	冷冻干燥机	采用将水蒸气在冷阱腔内的冷却盘管表面上直接凝固回收的直冷方式，冷却温度基本等于冷阱的温度；冻结的水分可在30分钟左右解冻
	AKITA	喷雾干燥机	闭式循环；电机直驱

3.3.2.3 技术构成

图3-3-4展示了干燥设备全球专利技术构成。由该图可知，干燥设备专利申请以热风干燥设备为主，专利占比为35%；其次，真空干燥、冷冻干燥、流化床干燥、喷雾干燥和微波干燥设备也有一定技术研发基础，专利占比依次是17%、14%、13%、9%和3%。热风干燥设备专利占比远高于其他干燥设备专利占比，其原因在于热风干燥设备为该领域应用历史较长的干燥方式，也是该领域普遍适用的干燥技术，创新主体在该领域同时投入了较多的研发。

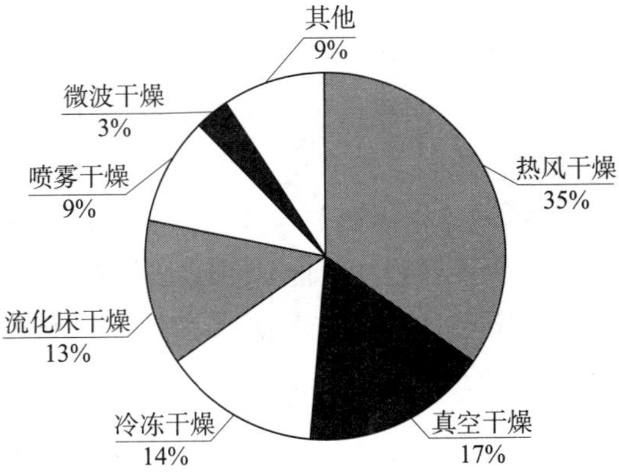

图3-3-4 干燥设备全球专利技术构成

图3-3-5示出了干燥设备重点技术分支全球专利申请趋势。从图3-3-5中可以看出，干燥设备重点技术分支专利申请整体上呈增长趋势，但各技术分支又有不同的表现。热风干燥设备领域，专利申请量从1960年的1项增长至2017年的710项，于2011年进入快速发展期，2011~2017年年均专利增长率为51%。真空干燥设备领域，专利申请量从1963年的1项增长至2016年的203项，于2009年进入快速发展期，2009~2017年年均专利增长率为40%。冷冻干燥设备领域，专利申请量从1960年的2项增长至2016年的112项，2014~2018年专利申请量占总专利申请量的46%，此5年专利申请活跃。流化床干燥设备领域，专利申请量从1957年的2项增长至2015年的80项，年专利申请量未超过百项，处于技术缓慢发展期。喷雾干燥设备领域，专利申请量从1957年的1项增长至2017年的112项，2014~2018年专利申请量占总专利申请量的53%，此5年专利申请活跃。微波干燥设备领域，专利申请量从1968年的1项增长至2017年的25项，年专利申请量尚未超过30项，尚处于技术萌芽期。

进一步对全球干燥设备重点技术分支主要技术来源国进行详细分析，明确各国干燥设备研发重点及技术薄弱点，统计结果见表3-3-2。中国干燥设备各技术分支的专利储备量均占有绝对优势，其中，在热风干燥设备方向专利申请量最多，为2606项，占比41%；真空干燥设备次之，申请量为1201项，占比19%；冷冻干燥设备方向专利申请763项，占比12%。与中国所不同的是，美国、日本等发达国家在热风干燥设备方向的专利布局较少，研发重点主要在冷冻干燥设备和流化床干燥设备方面。美国的冷冻干燥设备和流化床干燥设备专利申请量分别为110项和101项，占比分别为30%和27%。日本也非常重视冷冻干燥设备、流化床干燥设备专利保护，申请量分别为52项和83项，占比分别为20%和33%。德国和俄罗斯专利申请主要集中于流化床干燥设备，专利申请量分别为68项和50项，分别占其干燥设备总申请量的39%和36%。韩国干燥设备各技术分支专利申请相对较为均衡，专利申请主要集中于冷冻干燥设备和流化床干燥设备，占比分别为15%和18%。

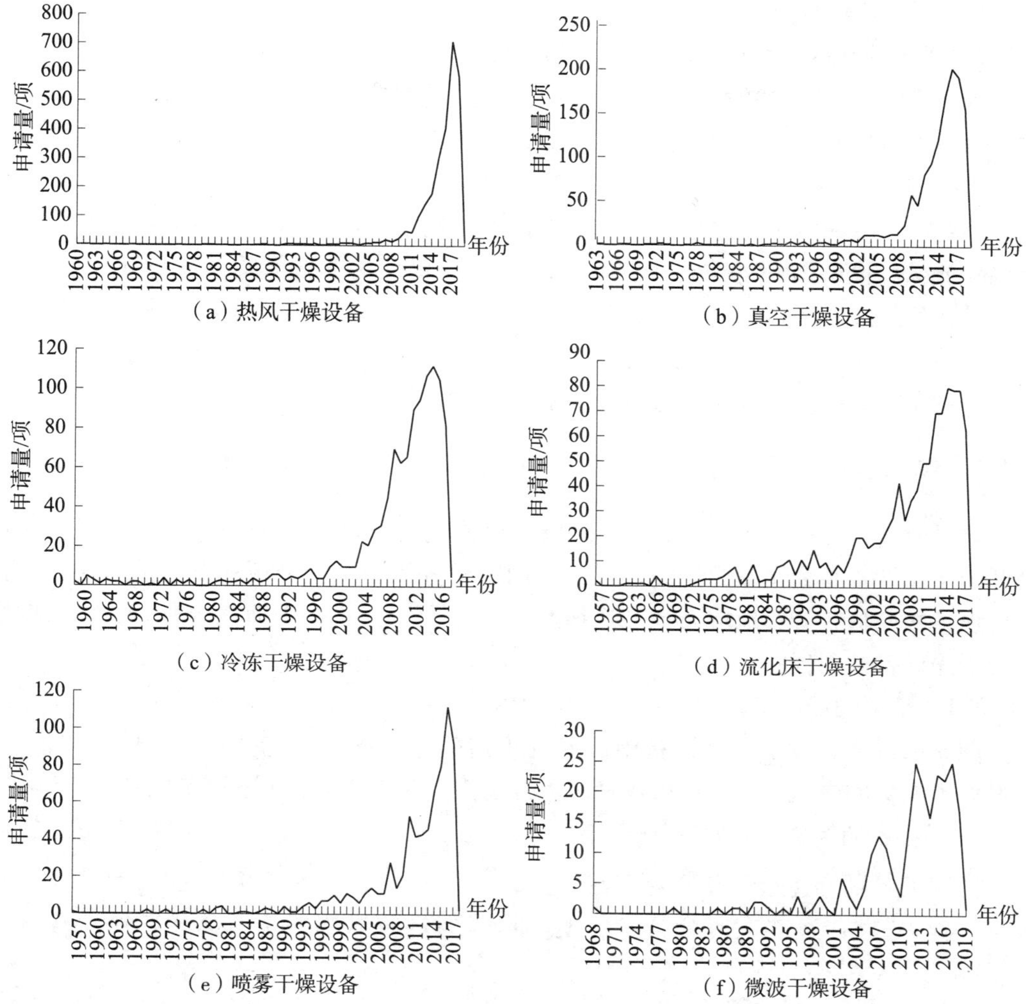

图3－3－5　干燥设备重点技术分支专利申请趋势

表3－3－2　干燥设备主要技术来源国专利技术构成

技术领域	中国		美国		日本		德国		俄罗斯		韩国	
	申请量/项	占比	申请量/项	占比	申请量/项	占比	申请量/项	占比	申请量/项	占比	申请量/项	占比
热风干燥	2606	41%	27	7%	19	7%	15	9%	7	5%	14	13%
真空干燥	1201	19%	24	6%	20	8%	13	8%	18	13%	7	6%
冷冻干燥	763	12%	110	30%	52	20%	37	21%	8	6%	16	15%
流化床干燥	590	9%	101	27%	83	33%	68	39%	50	36%	19	18%
喷雾干燥	549	9%	56	15%	39	15%	8	5%	15	11%	9	8%
微波干燥	201	3%	6	2%	5	2%	6	4%	1	1%	7	6%
其他	417	7%	49	13%	37	15%	23	14%	39	28%	36	34%

3.3.2.4 技术发展路线

首先将干燥设备专利文献按申请年份划分为五个阶段，从各阶段中随机抽取100项专利文献，人工阅读并归纳各阶段专利重点改进的技术方向，形成图3-3-6所示的干燥设备全球专利技术发展路线。由图3-3-6可知，2000年之前，干燥设备领域主要以改进干燥设备结构，提高药品干燥效率为主。2001~2005年，通过设置自动进出料系统，从而减少干燥过程中因人工操作不当造成的药品污染。2006~2010年，主要以降低干燥设备能耗的改进为主。2011~2015年，集中于干燥设备与过滤、洗涤、混合设备的集成。2016~2019年，新的改进点为将真空泵控制系统、电控及远程监控系统等整合到干燥设备中，实现干燥设备的智能化。可见，其技术发展路线方向为：提高设备工作效率→减少药品污染→节能环保绿色化→集成化、智能化。

3.3.3 中国专利申请分析

截至检索日，中国公开的制药干燥设备相关专利申请共计6435件。本小节以中国公开的干燥设备专利文献为研究对象，采用定量分析与定性分析相结合的方法对中国干燥设备的申请趋势、地域布局、法律状态和专利运营4个方面内容进行分析，明晰中国干燥设备专利现状。

3.3.3.1 申请趋势

图3-3-7展示了干燥设备中国专利申请随年度的变化趋势。由该图可以看出，干燥设备领域的中国专利申请整体呈现上升趋势，并具体可分为三个阶段。

（1）技术萌芽期（1986~2000年）

中药干燥设备专利申请始于1986年。2000年以前，专利申请量较少，年专利申请量未超过20件，尚处于萌芽状态，很多企业和科研机构尚未对这项技术产生足够关注。

（2）缓慢发展期（2001~2006年）

干燥设备作为制药过程中应用率非常高的制药设备，对药品的质量起着至关重要的作用。制药装备的性能优化往往依托于制药过程中所涉及的各个制药环节的制药装备技术突破，因此干燥设备的研究也开始引起国内创新主体的关注。2001~2006年，干燥设备专利申请较上一阶段增长明显，年专利申请量于2006年突破50件。

（3）快速发展期（2007~2019年）

2007年以后，我国出台了一系列政策鼓励中药现代化和国际化。如2006年11月，科学技术部、国家发展和改革委员会、国家中医药管理局等26部门联合发布了《中医药科学研究发展纲要（2006—2020年）》；2012年1月工业和信息化部发布《医药工业“十二五”发展规划》；2012年12月国务院印发《生物产业发展规划》。制药装备的变革创新顺应了国家节能减排战略，一系列政策的颁布促进了干燥设备研究人员的创新积极性，越来越多的科研院所以及公司开始关注并加入干燥设备的研究队伍中，相关专利申请呈现高速增长趋势——2007~2017年年均专利增长率为33%。

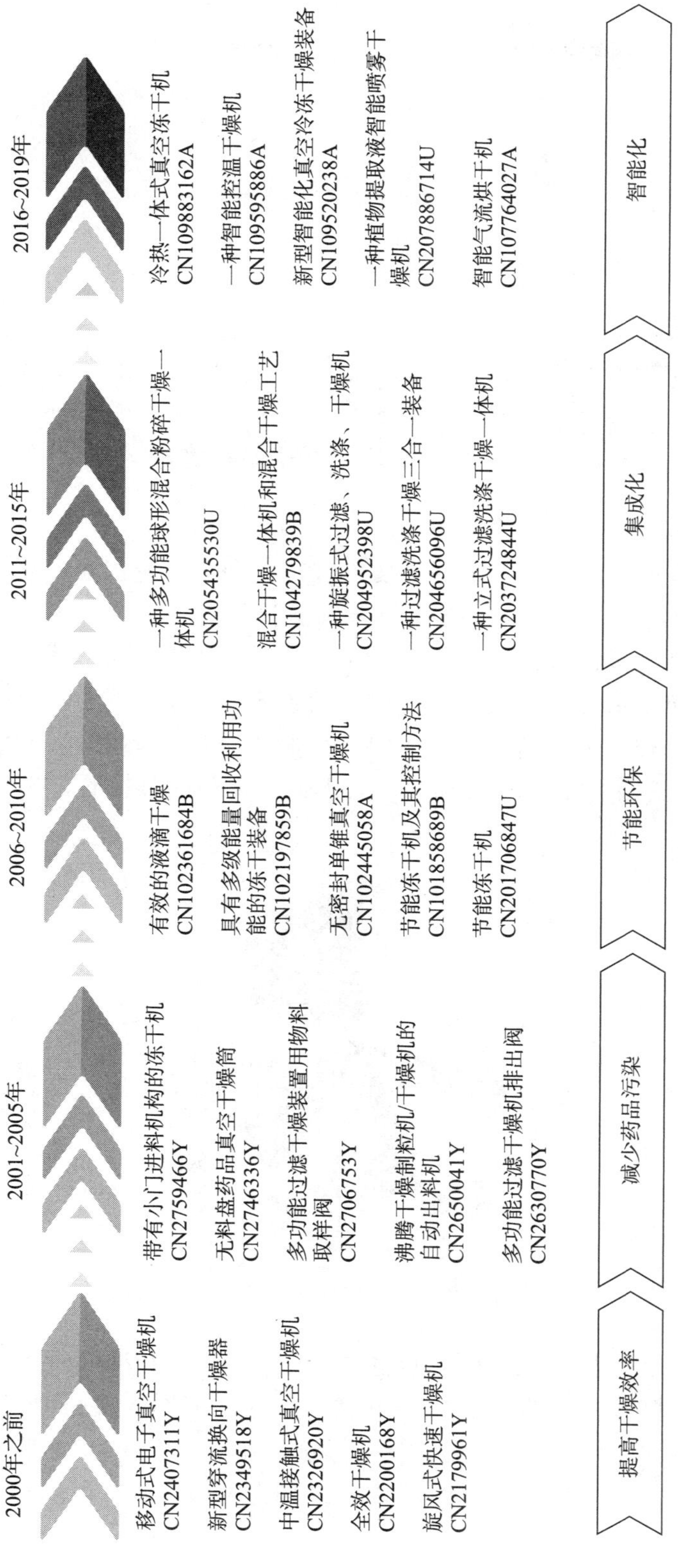

图3-3-6 干燥设备全球专利技术发展路线

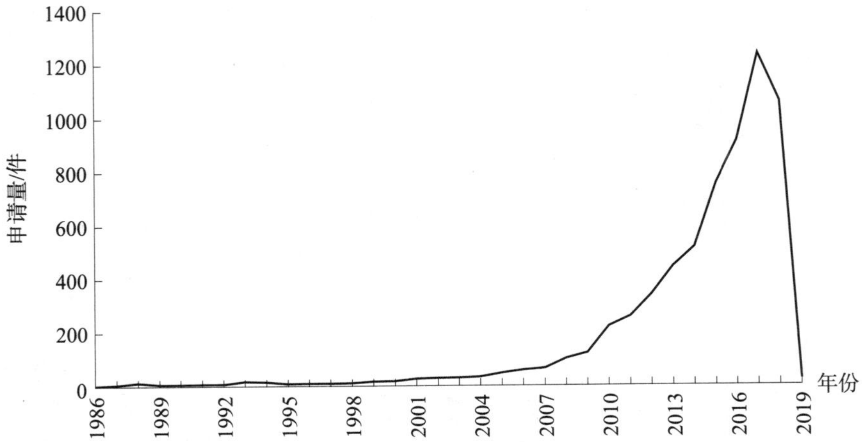

图3-3-7　干燥设备中国专利申请趋势

3.3.3.2　地域布局

图3-3-8展示了干燥设备中国主要省区市专利申请量占比。在该领域中，江苏省在中国主要省区市中排名第一位，其专利申请量占总量的20%，遥遥领先于其他省区市，其从事干燥设备研制的厂家较多，产业聚集度较高；浙江省、上海市、广东省、四川省和山东省紧随其后，占比分别为8%、7%、6%、6%和6%。安徽省、河南省、湖南省和天津市也有一定量的专利申请，占比为4%~5%。江苏省、浙江省、上海市、广东省、四川省和山东省占据了该领域总量的53%，专利地域集中度较高。

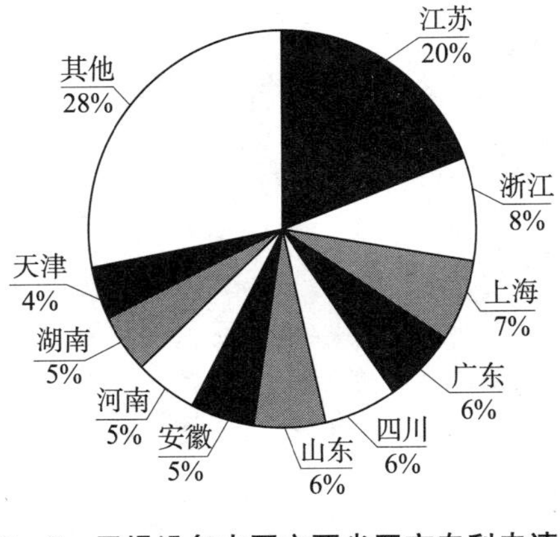

图3-3-8　干燥设备中国主要省区市专利申请量占比

图3-3-9展示了干燥设备专利申请量中国排名前十的省区市的专利类型分布情况。排名前十的省区市的专利类型均以实用新型为主，占比均超过60%，其中广东省、天津市、四川省和河南省实用新型占比较高，分别为77%、74%、73%和73%；发明专利占比中，江苏省、湖南省、安徽省较高，分别为37%、36%和33%。

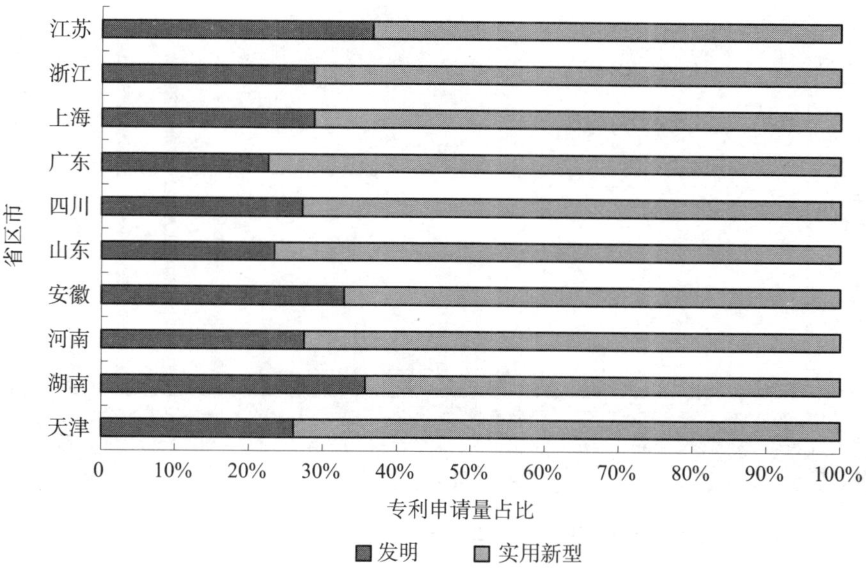

图3-3-9　干燥设备专利申请量中国排名前十的省区市的专利类型占比

3.3.3.3　专利申请类型及法律状态

表3-3-3展示了干燥设备中国专利申请类型及法律状态。干燥设备中国专利申请中，发明专利1882件，实用新型4553件，分别占总专利申请的29%和71%；发明专利中有效专利392件，在审专利766件，分别占总发明专利的21%、41%；实用新型中有效专利2818件，占实用新型总量的62%。

表3-3-3　干燥设备中国专利申请类型及法律状态　　单位：件

专利类型	有效	失效	审查中	总计
发明	392	724	766	1882
实用新型	2818	1735	0	4553
总计	3210	2459	766	6435

3.3.3.4　专利运营

图3-3-10展示了干燥设备中国专利转让和许可趋势。我国干燥设备专利转让活动开始于2004年，2004~2015年，发生转让的专利较少，年转让量未超过20件；进入2016年后，转让专利量呈现快速增长趋势，最大转让量为2018年的74件；截至2019年7月1日，发生转让的专利共306件，占申请总量的5%。据不完全统计，该领域专利许可活动开始于2008年，2008~2019年，发生许可的专利较少，年许可量未超过10件；截至2019年7月1日，发生许可的专利共44件，占总申请量的1%。

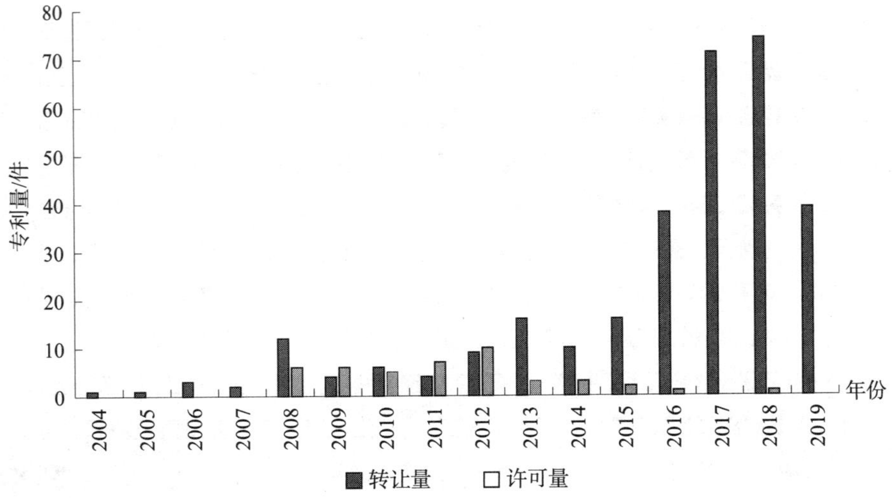

图3-3-10　干燥设备中国专利转让和许可趋势

3.3.4　业内知名企业专利分析

课题组通过产业调研，得到干燥设备领域知名企业名单。本小节充分融合产业与专利信息，针对业内知名企业的专利进行深入分析，相关企业列表参见表3-3-4。由该表可以看出，业内知名企业包括2家丹麦企业（Niro、Atlas），专利申请量分列第一和第八；2家中国企业（楚天科技、东富龙），分列第二和第四；2家德国企业（GEA、GLATT），分列第五和第六；2家日本企业（大川原、共和真空），分列第三和第七；1家美国企业（Hull），排名第九。由此可见，与其他关键技术领域不同的是，由于干燥设备通用性较强，全球企业技术竞争激烈。

表3-3-4　制药干燥设备领域业内知名企业及相关专利申请情况

企业名称	国别	专利申请量/件
Niro	丹麦	484
楚天科技	中国	271
大川原	日本	244
东富龙	中国	196
GEA	德国	189
GLATT	德国	158
共和真空	日本	152
Atlas	丹麦	120
Hull	美国	40

注：由于干燥设备通用性较强，在对本小节制药干燥设备专利数据进行统计时，未对其应用领域为“制药行业”或“中药制药行业”进行限定。

（1）技术来源与目标市场

图3－3－11展示了全球干燥设备业内知名企业专利技术来源与目标市场。由该图可以看出，中国、美国和日本是主要目标市场，吸引多国企业专利进入；而丹麦和德国是主要的技术来源，这两国企业的专利多数进行海外专利布局；中国企业楚天科技、东富龙有PCT申请的意识，但专利布局数量较少，仅楚天科技的2件专利申请进入美国公开。中国企业尽管专利数量较多，但实用新型占比很大，在创新要求更高的发明专利数量上不占优势。

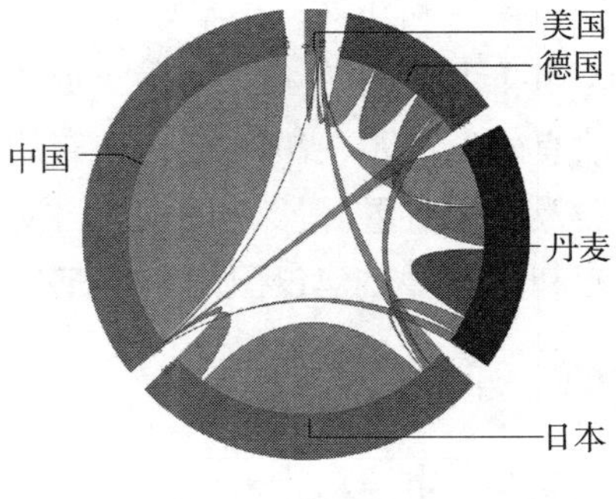

图3－3－11 全球干燥设备业内知名企业专利技术来源与目标市场

（2）重点技术领域专利布局

图3－3－12（见文前彩色插图第2页）展示了干燥设备重点技术分支全球知名企业专利布局。相关企业主要来自中国、美国、日本、德国和丹麦。楚天科技作为国内知名上市企业，在冷冻干燥领域的专利布局最多。德国在各个关键领域基本都有代表性企业，而且代表性专利布局时间早；调研结果也显示，业内普遍认为德国企业在制药装备领域产品质量高、口碑好、产品贵、利润高，是众多国内企业的效仿对象。日本的大川原、共和真空，在喷雾干燥和冷冻干燥领域具有技术优势。美国的Hull在微波干燥领域具有技术优势，但该企业目前尚未有专利进入中国。专利保护具有地域性，这些未进入中国的专利值得国内企业利用。丹麦的Niro和Atlas都是行业巨擘，发展时间长，技术沉淀久，具有很强的竞争优势。Niro擅长于喷雾干燥技术领域，Atlas在冷冻干燥技术领域具有独到创新。

（3）Niro专利布局

Niro作为全球干燥设备巨头，其在干燥设备领域已有较长的发展历史，并在该领域布局大量专利。在此进一步对其发展历史及来华专利布局进行分析。图3－3－13展示了丹麦Niro的发展历史。丹麦工程师Johan Emst Nyrop于1933年创立Niro。Niro于20世纪60年代把空气分布和雾化技术用于干燥系统；1993年成为德国GEA的成员；2002年并购丹麦Atlas－Stord公司的食品部门，专门设计和生产用于食品领域的真空冷冻干燥系统。

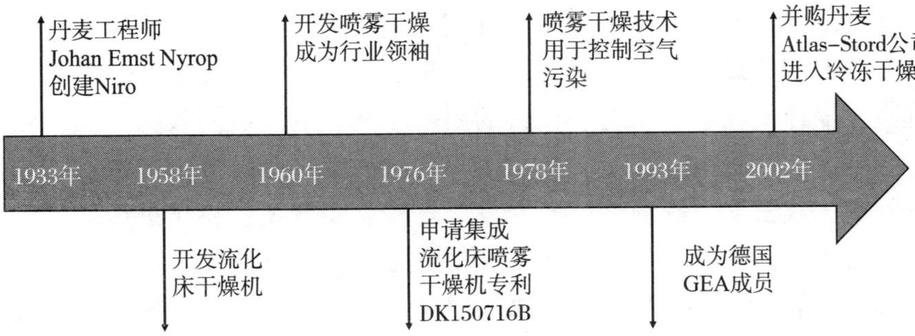

图3－3－13 丹麦Niro发展历史

图3-3-14（见文前彩色插图第3页）展示了丹麦Niro来华专利布局情况。Niro在华布局专利9件，最早始于1991年申请2件喷雾干燥专利，目前已经失效；1994~2000年布局4件专利，均为集成流化床的喷雾干燥设备，其中2000年申请的专利目前仍然有效；2000~2006年，还布局了3件外围专利，分别涉及过滤气体装置、空气扩散器及凝聚装置。从Niro的全球布局来看，其更在意美国、德国和日本市场，来华布局专利并不多。建议国内企业充分利用Niro未进入中国的专利。

3.3.5 小　结

从专利申请趋势来看，干燥设备领域已于2009年进入技术快速发展期，中国、美国和日本既是干燥设备最主要的技术来源国，又是最主要的目标市场国。从技术构成来看，全球干燥设备类型以热风干燥为主，除热风干燥外的冷冻干燥、流化床干燥、喷雾干燥、微波干燥等其他更为先进的干燥设备也在快速发展。从业内创新主体来看，先进干燥设备企业全球竞争激烈，业内知名企业多来自丹麦、德国和日本，并且美国、欧洲是其产品销售和专利布局的主要市场，中国企业走向欧美必然会面临这些企业的专利壁垒。同时这些企业的产品和专利也有进入中国，但在中国的布局力度弱于在欧美市场，如丹麦干燥设备知名企业Niro来华布局专利较少，国内企业可充分利用其未进入中国的专利技术。在干燥设备重点技术领域，国内代表性企业较少，仅楚天科技和东富龙在冷冻干燥领域具有一定的知名度和专利布局意识。

3.4 提取设备

3.4.1 技术概况

中药提取是中药生产过程中最基本和最重要的环节之一，其目的是最大限度提取中药材中的有效成分，并且最低限度地浸出无效甚至有害成分。药材的提取过程是由湿润、渗透、解吸、溶解及扩散、置换等几个相互联系、相互交错的阶段组成。不同的提取技术影响提取的不同阶段，对提取过程中溶剂对目标成分的溶解性、药材状态、浸取的温度、压力、浓度差、固液两相的相对运动速度等产生影响，导致不同的提取速度和效果，也直接影响药材资源的利用率和生产效率及经济效益，最终影响药品质量。

目前，常用的中药提取方法仍然是溶剂提取，如煎煮法、渗漉法、回流法、蒸馏法等，其优点是操作简便，对工艺、设备的要求不高，因此应用较为广泛。然而它同时存在着一些缺点，如提取时间长、耗能大、含杂质多、有效成分提取率不高、杂质清除困难等问题，从根本上制约着中药开发的进程。随着现代科学进步，一些新的技术，如超临界流体萃取、超声辅助萃取、微波辅助萃取、酶工程技术等被广泛应用于中药有效成分的提取过程中。与溶剂提取法相比，应用新技术提取中药有效成分的方法具有产率高、纯度高、提取速度快等优点，具有广阔的应用前景。但新技术新设备目前应用有一定局限性，需要进一步结合生产实际，对其工艺流程、设备条件等影响因素进行全面细致的研究与探索，逐步提高药品质量和工艺水平，推进中药生产的现代化、规范化和标准化。

3.4.2 全球专利分析

截至检索日，全球公开的提取设备相关专利申请共计3500件，合并同族后共3394项。本小节基于该数据从专利申请趋势、地域布局、主要申请人、技术构成和技术发展路线5个方面分析中药提取设备全球专利申请现状。

3.4.2.1 申请趋势

图3-4-1为提取设备全球专利申请趋势。1989年以前该领域专利申请量较少，年均专利申请量为3项，为技术萌芽期，主要申请人来自日本、韩国、德国、美国等工业发展较早的国家。1990~2008年，该领域专利申请量呈波动上升趋势，年均申请量为27项，为缓慢发展期。自进入2009年后，全球专利申请量呈快速增长趋势，2009~2017年年均申请量为259项。

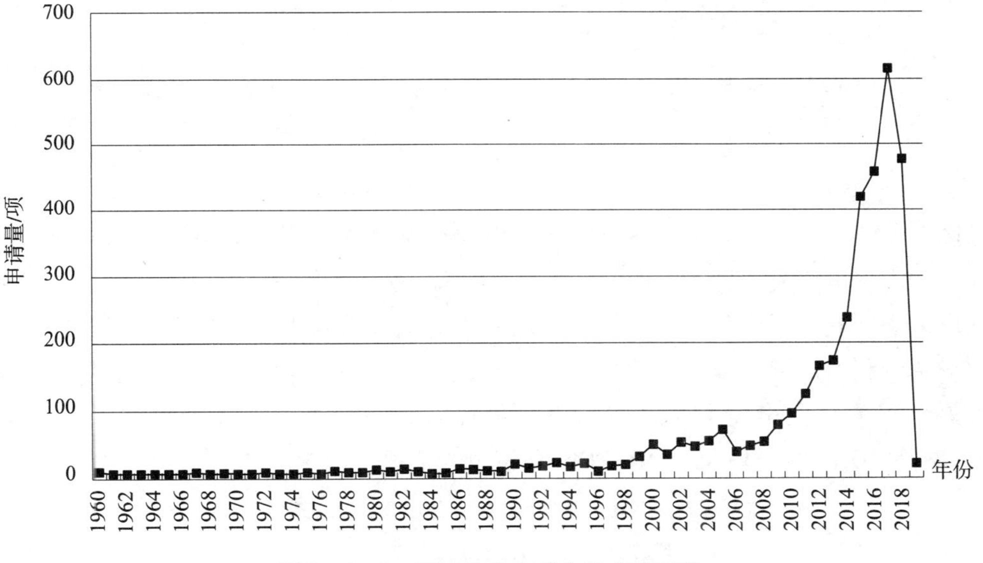

图3-4-1 提取设备全球专利申请趋势

3.4.2.2 地域布局

（1）目标市场国/地区

图3-4-2为提取设备全球专利目标市场国/地区占比。由该图可以看出，中国是最大的目标市场国，各国创新主体在申请专利时，中国成为重点布局国家，其专利申请量占据了全部目标市场国/地区申请量的81%。专利申请量集中于中国的同时也意味着专利侵权风险高，可能存在的技术壁垒也比较多，所以国内创新主体在进入提取设备领域前需要做好风险防范工作。美国、日本、韩国和欧洲也占据一定的市场份额，其专利申请量分别占全球目标市场国/地区申请量的5%、3%、3%和1%。

（2）技术来源国/地区

图3-4-3展示了提取设备全球技术来源国/地区占比情况。由该图可以看出，中国和美国的原创数量最高，两者之和达到89%。中国的原创数量排名第一，尤其是近几年在提取设备方面的专利申请量有爆发性增长，是由于中国政府重视中医药发展及其智能制造工作的推进。美国的原创数量虽然排第二，但其原创实力仍然较高。韩国和日本分别位于第三和第四，也具备一定的原创实力。

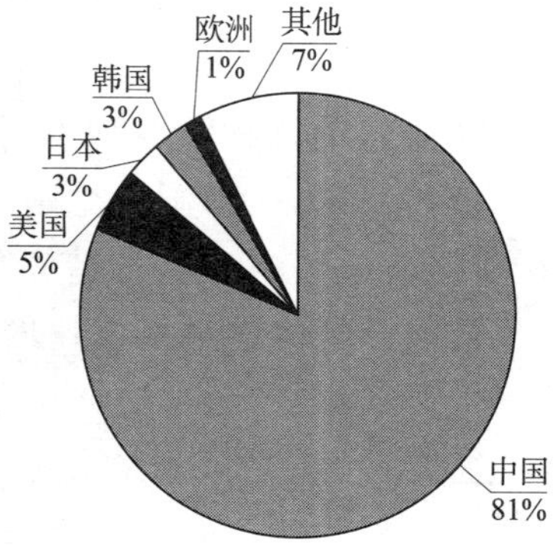

图3-4-2 提取设备全球专利目标市场国/地区占比

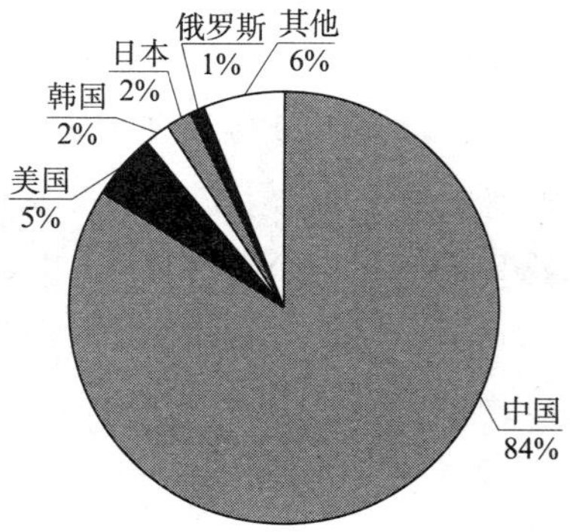

图3-4-3 提取设备全球技术来源国/地区占比

3.4.2.3 主要申请人

图3-4-4展示了提取设备全球专利申请量排名前十位的申请人。排名前十的申请人皆为中国申请人，具体包括7家企业、1所高校及2名个人申请人，可见中国企业在提取设备领域占据绝对的技术优势。进一步对国外重点申请人进行分析发现，国外提取设备专利申请量大于5项的申请人仅6位，主要来源于美国，皆为企业，但各申请人提交相关专利申请数量较少，申请量排名第一的英尼奥斯弗罗控股有限公司（INEOS FLUOR HOLDINGS LIMITED）申请量为7项。

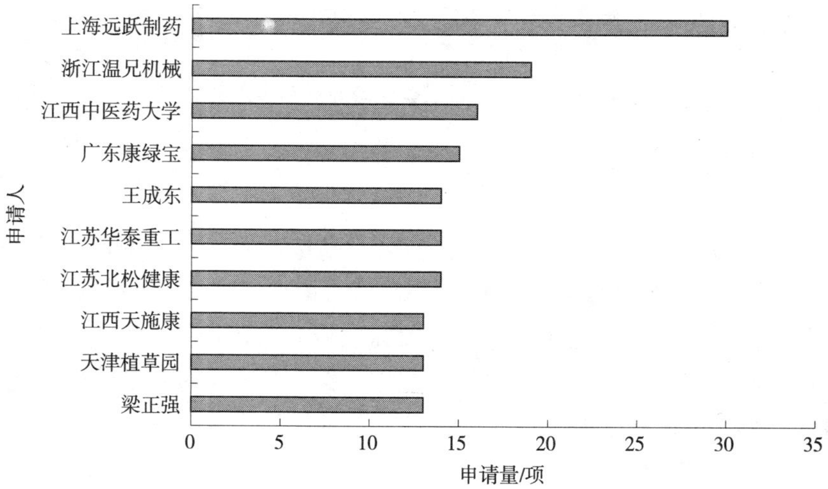

图3-4-4 提取设备全球专利主要申请人申请量排名

3.4.2.4　技术构成

按提取设备类型，可分为单一型提取设备、集成型提取设备及提取设备相关部件三个分支分类。图3－4－5展示了提取设备技术分支全球专利占比。由该图可以看出，提取设备专利申请以单一型提取设备改进为主，占比高达74%；集成型提取设备和提取设备相关部件专利申请量相对较少，分别占申请总量的14%和12%。

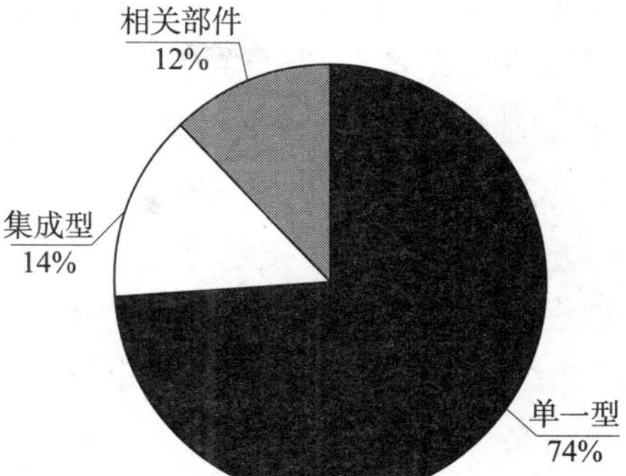

图3－4－5　提取设备技术分支全球专利占比

图3－4－6展示了提取设备技术分支全球专利申请趋势。由该图可以看出，提取设备技术分支全球专利申请起步时间各有不同。单一型提取设备专利申请起步早（20世纪60年代），早期专利来源于日本、韩国、德国、美国等工业发展较早的发达国家。20世纪80年代，创新主体开始对单一型提取设备相关部件进行专利布局，以提高提取设备的提取效率及自动化程度。集成型提取设备专利技术起步最晚，第一件专利申请于1991年由日本申请人向日本特许厅提出。

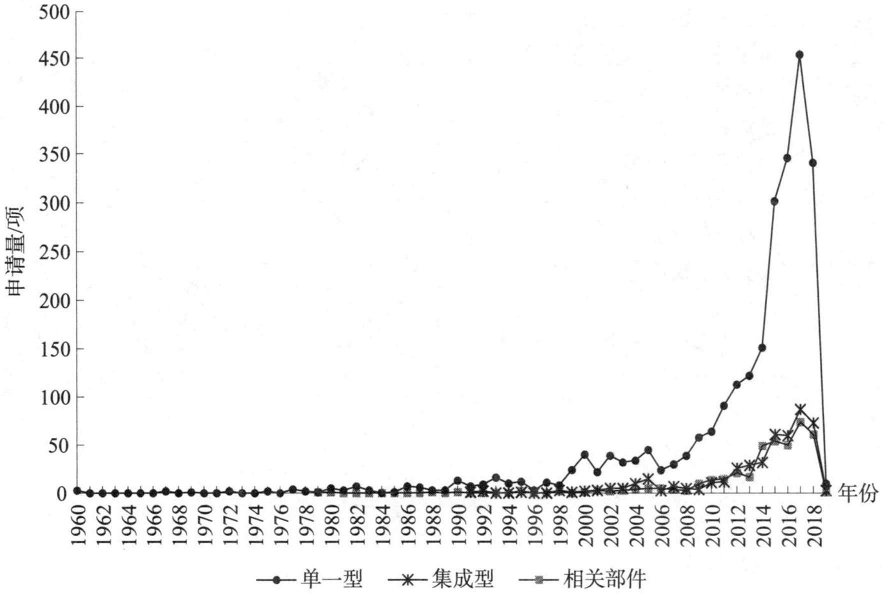

图3－4－6　提取设备重点技术分支全球专利申请趋势

从申请趋势来看，单一型提取设备在1998年之前专利申请量较少，年专利申请量未超过20项，为技术萌芽期；1999～2009年，单一型提取设备专利申请较上一阶段变化明显，年均专利申请量为35项；进入2010年后，单一型提取设备技术发展速度与提取设备相关部件、集成型提取设备的技术发展速度逐渐拉开差距，成为提取设备领域发展最为快速的技术分支，2010～2017年专利申请量年平均增长率为32%。提取设备相关部件和集成型提取设备专利申请趋势类似：2009年及之前，提取设备相关部件和集成型提取设备专利申请均较少，均未超过20项，为技术萌芽期；2010年起，两者专利申请量较上一阶段变化明显，2010～2017年专利申请量年平均增长率分别为57%、38%。

从提取设备重点技术分支全球专利占比和申请趋势来看，单一型提取设备已成为提取设备领域发展最为迅速的技术分支。图3－4－7进一步展示了单一型提取设备全球专利技术构成。可以看出，与产业技术调研现状一致，中药提取的主流设备为煎煮提取设备、蒸馏提取设备、多功能/动态提取罐；此外，超声提取设备、浸渍提取设备、渗漉提取设备、回流提取设备和萃取提取设备等提取设备也较为普遍；超临界提取设备、逆流提取设备、微波提取设备等新型提取设备在中药提取领域的应用尚不够成熟，相关专利申请较少。

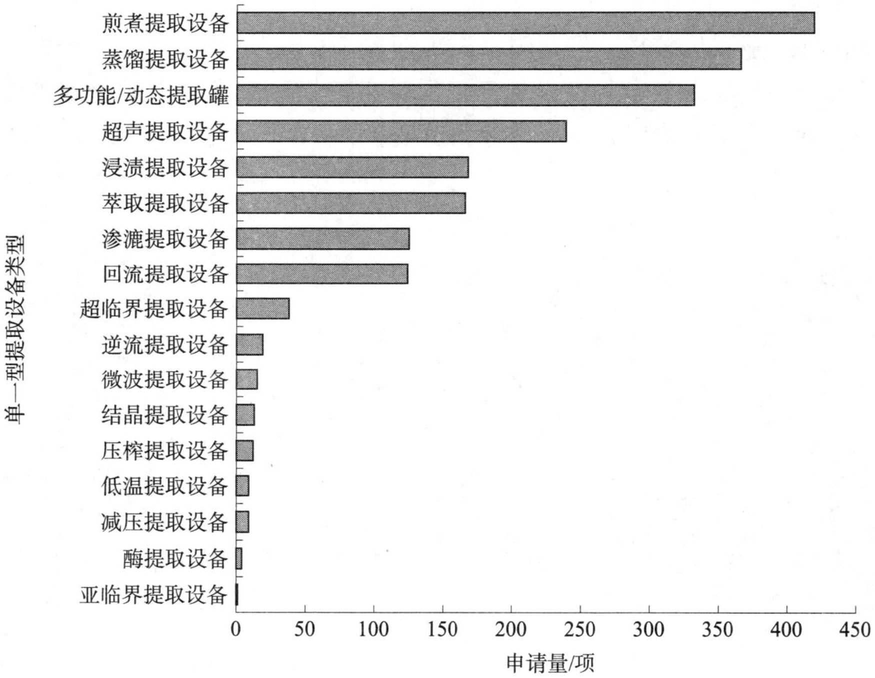

图3－4－7　单一型提取设备全球专利技术构成

3.4.2.5　技术发展路线

图3－4－8（见文前彩色插图第4页）展示了提取设备全球专利技术发展路线。单一型提取设备领域在2010年之前主要以不同提取方法与设备的结合，满足不同特性中药材提取的技术改进为主；2010～2015年，主要以实现提取设备的自动化、降低设备能耗的改进为主；2016～2019年的改进点为实现提取过程的在线监测、提取设备的在线清洗。集成型提取设备领域，研发方向为提取设备与分离设备、浓缩设备、干燥设备、过滤设备的集成，其中提取浓缩设备是研究焦点。提取设备相关部件领域，技术

发展方向为通过改进提取设备的进出料、盖锁紧、搅拌、过滤等部件，从而提高提取设备的自动化程度、增加提取过程安全性及提取效率。

3.4.3 中国专利分析

本小节从专利申请趋势、地域布局、重点申请人技术发展路线、专利类型及法律状态和专利运营5个方面分析中国提取设备专利现状。

3.4.3.1 申请趋势

图3-4-9为提取设备中国专利申请趋势。由该图可知，我国提取设备专利申请整体呈增长趋势，经历了以下三个阶段。

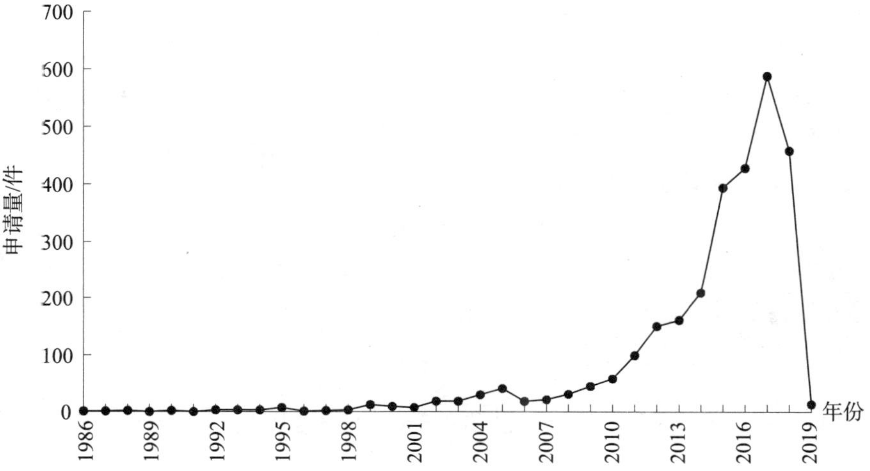

图3-4-9 提取设备中国专利申请趋势

（1）技术萌芽期（1986~1998年）

该领域专利申请量较少，年均专利申请量仅2件，很多企业和科研机构尚未对这项技术产生足够关注，首件专利申请由湖南省零陵地区制药厂于1986年向原中国专利局提出。

（2）缓慢发展期（1999~2010年）

“十一五”以来，我国逐步加大节能工作力度，出台了一系列节能相关政策，初步形成了节能政策体系框架，其中包括多项有利于节能技术、产品和装备推广的政策措施，对提高节能技术（产品、装备）的市场认知度，激励企业生产和应用节能技术（产品、装备），提高能源利用效率发挥了积极作用。提取设备为高能耗设备。1999~2010年，国内创新主体顺应政策积极改进，专利申请量较上一阶段增长明显，从1999年的12件增长到2009年的59件，年均增长率为17%。

（3）快速发展期（2011~2019年）

“十二五”“十三五”期间，越来越多的创新主体开始关注并加入提取设备的研究队伍中，专利申请量快速增长，2011~2017年均专利申请量为290件。

3.4.3.2 地域布局

图3-4-10为提取设备中国主要省区市专利申请量占比。由该图可知，浙江省在中国各省区市中排名第一位，占总量的12%；江苏省、山东省、四川省和广东省紧随其后，占比分别为9%、7%、7%和7%；江西省、河南省、上海市、安徽省、天津市也有一定量的专利申请，占比为4%~6%。浙江省、江苏省、山东省、四川省和广东省占据了该领域总量的42%，专利地域集中度较高。

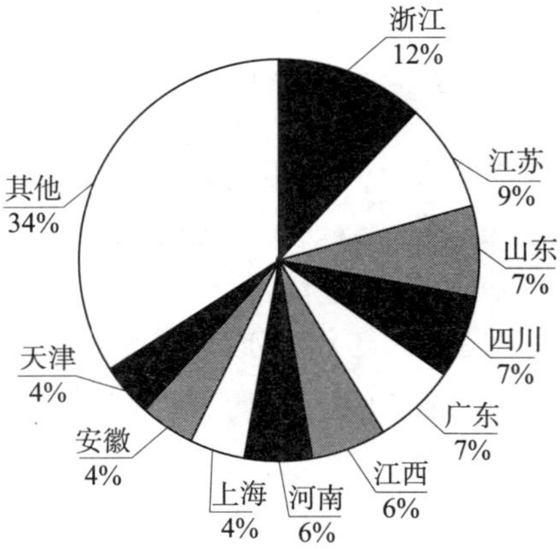

图3-4-10 提取设备中国主要省区市专利申请量占比

表3-4-1为提取设备专利申请量排名前十的省区市各技术分支专利申请量及占比。可以看出，排名前十的省区市均重视单一型提取设备专利申请，其占比均超过50%，其中广东省和山东省单一型提取设备占比最为突出，分别占申请总量的82%和75%。提取设备相关部件和集成型提取设备专利申请占比均较少。提取设备相关部件技术分支方面，上海市和河南省占比较为突出，分别为26%和21%。集成型提取设备技术分支方面，江西省和天津市占比较为突出，分别为27%和19%。

表3-4-1 提取设备专利申请量排名前十的省区市各技术分支专利申请量及占比

省区市	技术分支					
	单一型		相关部件		集成型	
	申请量/件	占比	申请量/件	占比	申请量/件	占比
浙江	231	68%	46	14%	62	18%
江苏	185	74%	35	14%	29	12%
山东	154	75%	17	8%	36	17%
四川	134	70%	25	13%	32	17%
广东	155	82%	16	8%	19	10%
江西	94	55%	30	18%	47	27%
河南	100	64%	33	21%	23	15%
上海	83	66%	33	26%	10	8%
安徽	91	73%	19	15%	15	12%
天津	79	65%	20	16%	23	19%

图3－4－11为提取设备专利申请量排名前十的省区市专利类型占比情况。可以看出，江苏省、安徽省、广东省发明专利数量占比较高，分别为45%、38%和34%；江西省、河南省和四川省实用新型专利数量占比较高，分别为88%、81%和80%，均超过80%。鉴于发明专利保护期长于实用新型专利，建议在加大创新投入的同时进一步提高该领域发明专利数量占比。

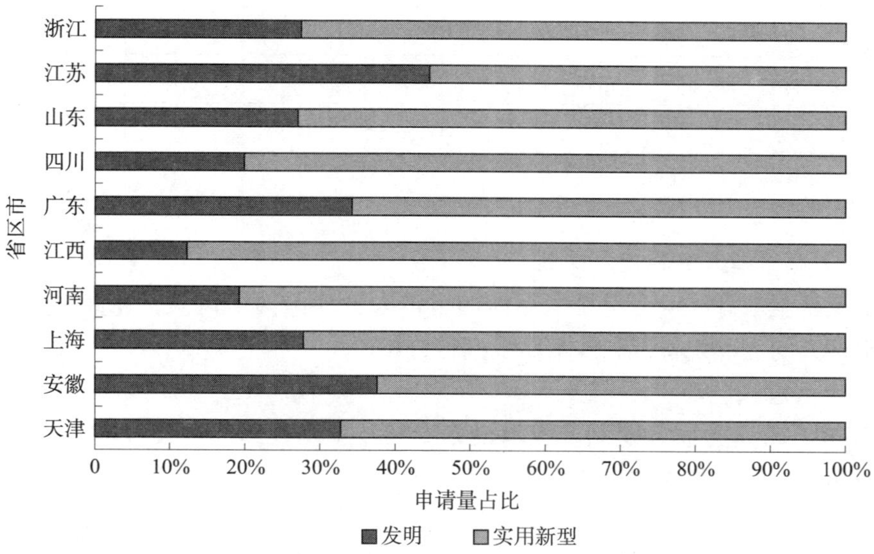

图3－4－11　提取设备专利申请量排名前十的省区市专利类型占比

表3－4－2为提取设备专利申请量排名前十的省区市的申请人类型。可以看出，提取设备专利申请量全国排名前十的省区市的专利申请人类型以企业为主，且占比均超过45%，其中天津市的企业申请人占比高达86%。相反，该领域高校院所专利申请占比非常低，占比均未超过15%。高校院所作为我国中药制药工业重要创新主体之一，其此处专利占比明显低于中药制药工艺专利占比，由此可以看出高校院所重工艺轻设备现象明显，其在提取设备上的创新力度有待进一步提升。

表3－4－2　提取设备专利申请量排名前十的省区市申请人类型

省区市	申请人类型							
	企业		个人		高校院所		其他	
	申请量/件	占比	申请量/件	占比	申请量/件	占比	申请量/件	占比
浙江	229	66%	93	27%	22	6%	2	1%
江苏	189	74%	41	16%	23	9%	1	1%
山东	99	47%	89	43%	14	7%	6	3%
四川	148	74%	33	17%	16	8%	1	1%
广东	140	73%	33	17%	17	9%	2	1%

续表

省区市	申请人类型							
	企业		个人		高校院所		其他	
	申请量/件	占比	申请量/件	占比	申请量/件	占比	申请量/件	占比
江西	131	75%	18	10%	27	15%	0	0
河南	115	73%	23	15%	17	11%	2	1%
上海	97	75%	23	18%	9	7%	0	0
安徽	93	73%	21	17%	11	9%	1	1%
天津	104	86%	9	7%	9	7%	0	0

3.4.3.3 重点申请人专利技术路线

提取设备全球专利申请量排名靠前的申请人皆为国内申请人，在此进一步对排名前三的申请人的提取设备专利技术路线进行分析。

（1）上海远跃制药

图3－4－12为上海远跃制药提取设备专利技术发展路线。其对单一型提取设备、提取装备相关部件、集成型提取设备均有专利布局，专利申请集中于提取设备相关部件。2014年，其开始对提取设备相关部件进行专利布局，布局点包括进出料、加热、过滤、出液、开盖、出渣、锁紧装置，专利申请时间集中在2014年和2015年。2016年，开始对单一型提取设备和集成型提取设备进行专利布局。单一型提取设备布局点包括吊篮式提取罐、回流提取装置、回流提取罐和渗漉装置，集成型提取设备布局点为提取浓缩机。

（2）浙江温兄机械

图3－4－13展示了浙江温兄机械提取设备专利技术发展路线。其在单一型提取设备、提取设备相关部件、集成型提取设备方面均有专利布局，专利申请集中于单一型提取设备和提取设备相关部件。2006年，其针对一种高效液、固相流动提取罐组申请了专利，提升了提取效率和质量；2007年，申请了一种多功能回流提取浓缩机组；2011年，围绕单一型提取设备多功能提取罐，集成型提取设备回流提取浓缩机，提取设备相关部件侧过滤装置、搅拌装置进行了专利申请；2012年，针对提取罐的气动旋转自锁排渣门、投药材的防灰尘飞扬装置进行了专利布局，避免了工作过程中因气缸中空气压力的变化或减小时，排渣门自行打开的现象及工人在加料时产生的灰尘、粉末的飞扬现象；2015年，对轻（重）挥发油的提取设备及内置加热盘管的提取罐进行专利申请，解决了轻（重）挥发油不易提取、现有的提取罐加热效率低、加热时间长等技术问题；2016年，围绕多功能中药生产提取罐的可拆式折板捕沫器、应用于提取罐的能自动开启及关闭的气动人孔、设有反冲装置的多功能中药生产提取罐、便于检查维修的多功能中药生产提取罐等技术进行了专利布局。

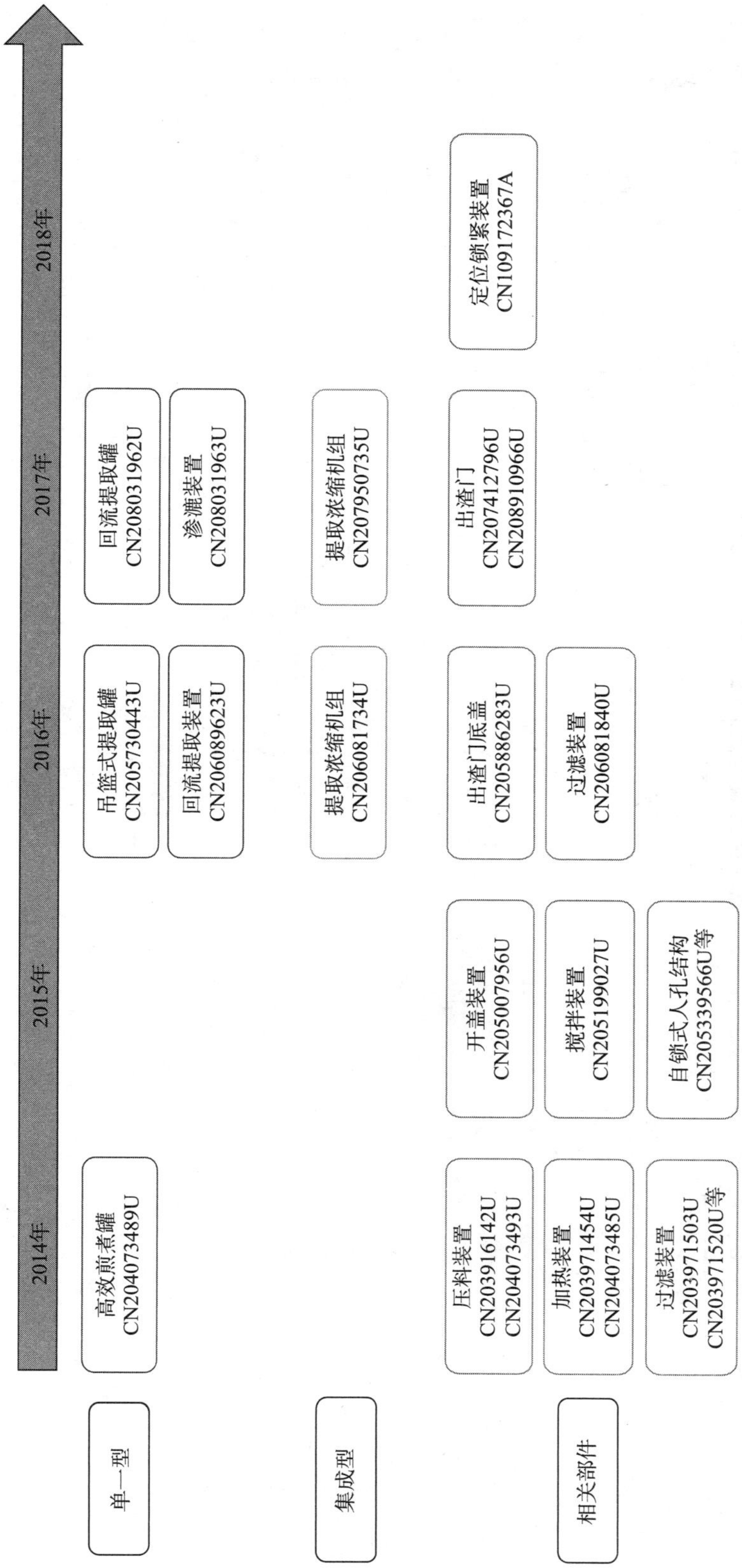

图3-4-12　上海远跃制药提取设备专利技术发展路线

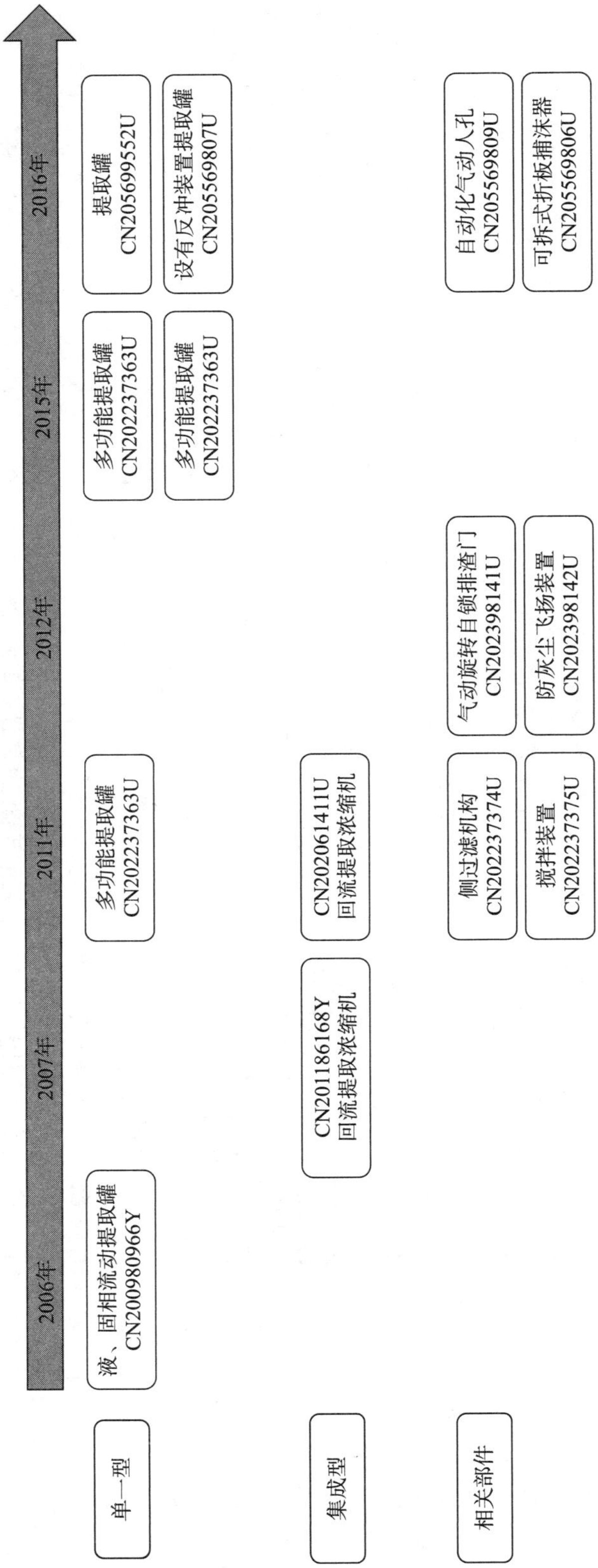

图3－4－13　浙江温兄机械提取设备专利技术发展路线

（3）江西中医药大学

图3－4－14展示了江西中医药大学提取设备专利技术发展路线。可以看出，江西中医药大学对挥发油提取分离设备、提取浓缩机、挥发油结晶提取系统进行了专利布局，其中挥发油提取收集分离设备为重点研发方向。2014年公开的一种挥发油提取收集分离设备（CN103923748B），包括提取罐、冷凝器、收集分离器，提取罐顶部通过收集管道与冷凝器上端相连，冷凝器下端通过进管道进入收集分离器内层，收集分离器外层通过出管道与提取罐相连；收集分离器上装有空气过滤器；保持内层与外层气压平衡，防止污染。2018年公开的一种挥发油智能提取收集分离设备（CN108543327A），包括提取罐、冷凝器、分油器；蒸汽管路分成直通蒸汽管路和夹套蒸汽管路分别连接提取罐底部和上部；提取罐顶部通过收集管道与冷凝器上端连接，冷凝器下端通过进管道与分油器连接，分油器上部通过回流管路与提取罐连接，分离后的溶剂可回流至提取罐进行循环水煮提取；还可通过分油器上部的溶剂排放回收管路直接排放回收，真空泵通过真空管道Ⅰ与缓冲罐底部连接，缓冲罐中部通过真空管道Ⅱ与冷凝器连接，可实现负压低温水煮提取。

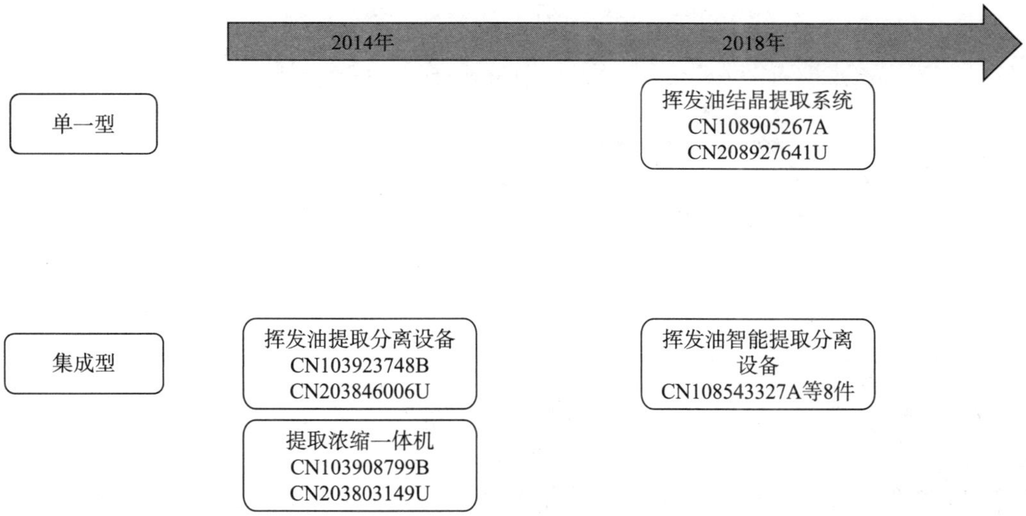

图3－4－14 江西中医药大学提取设备专利技术发展路线

江西中医药大学充分利用其在中药精油提取、提取浓缩一体设备方面的专利技术领先优势，与中药设备生产企业江西赫柏康华制药设备有限公司（以下简称“江西赫柏康华”）合作，研制出中药精油智能提取设备，是产学研合作的成功案例；后者依托江西中医药大学“创新药物与高效节能降耗制药设备国家重点实验室”“中药固体制剂制造技术国家工程研究中心”两个国家级创新平台作为研发机构，积极落实科研成果转化、推广高效节能技术，已实现中药精油智能提取设备的产品化，产品参见图3－4－15。

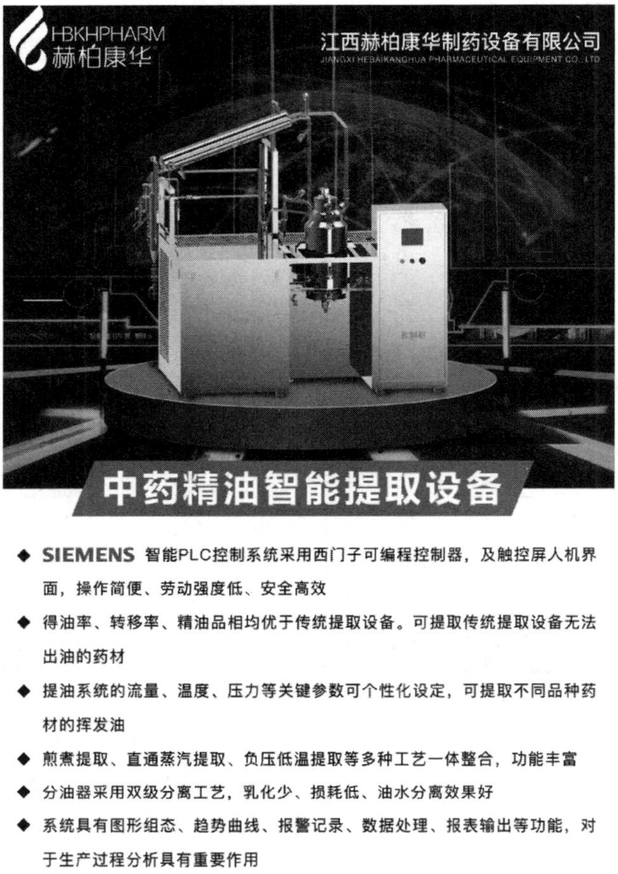

图 3-4-15　江西中医药大学产学研合作案例“中药精油智能提取设备”

3.4.3.4　专利申请类型及法律状态

表3-4-3展示了提取设备中国专利申请类型及法律状态。提取设备中国专利中，发明专利766件，实用新型2079件，分别占总专利申请的27%和73%。发明专利中有效专利149件，在审专利272件，分别占总发明专利量的19%、36%；实用新型中有效专利1289件，占实用新型总量的62%。由此可以看出，提取设备发明和实用新型失效案件比例较大，专利维持及应用水平还有待提升。

表 3-4-3　提取设备中国专利申请类型及法律状态　　单位：件

专利类型	有效	失效	审查中	总计
发明	149	272	345	766
实用新型	1289	790	0	2079
总计	1438	1062	345	2845

3.4.3.5　专利运营

图3-4-16展示了提取设备中国专利转让和许可趋势。我国提取设备专利转让活

动开始于2004年，在2004～2014年发生转让的专利较少，年转让量未超过10件；进入2015年后，转让专利量呈现快速增长趋势，最大转让量为2016年的42件，截至2019年7月1日，发生转让的专利共178件，占申请总量的6%。许可活动开始于2008年，在2008～2019年发生许可的专利较少，年许可量未超过10件，截至2019年7月1日，据不完全统计，发生许可的专利共36件，占总申请量的1%。

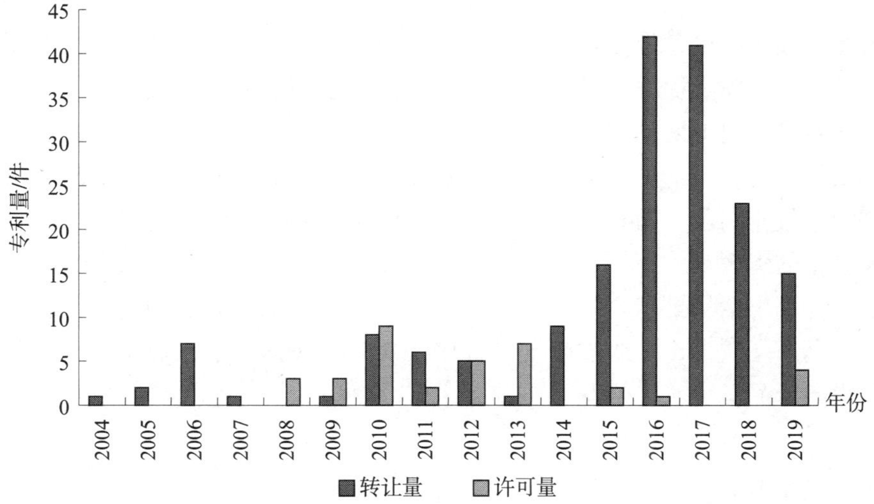

图3－4－16　提取设备中国专利转让和许可趋势

表3－4－4展示了提取设备中国专利排名前十的转让方及其受让方。可以看出，该领域的专利转让行为主要发生于企业之间。苏州神林堂中医药研究所和江西中医药大学为代表性科研院所转让方。江西赫柏康华作为中药制药专用设备初创型企业，从企业及高校受让了较多数量的专利，为其中药专用设备产品研发及市场开拓提供了有力技术保障。

表3－4－4　提取设备中国专利排名前十的转让方及其受让方

转让方	转让量/件	受让方
成都科尔医药	8	江西赫柏康华
北京弘祥隆	7	廊坊弘祥隆
宝士力（天津）	5	发泰（天津）科技
呼图壁县康宝源	4	新疆金马再生资源
温州市天龙轻工	4	王良源、汪振朴、王茜南
苏州神林堂中医药研究所	4	陈文、顾玉奎、山西复盛公、重庆康迪药业
宁波振国制药	3	象山医疗精密仪器
象山沛公堂中药	3	贵州艾源生态药业、贵州健瑞安药业、洛阳顺势药业
江西中医药大学	2	江西赫柏康华
河北莹玛涵制药	2	石家庄志杰制药

3.4.4 小　　结

从全球专利地域分布来看，中国是提取设备的主要目标市场国和技术来源国；从技术发展趋势来看，全球提取设备专利申请中74%为单一型提取设备，即单一型提取设备是技术研究热点领域；单一型提取设备的技术构成以煎煮提取设备、蒸馏提取设备、多功能/动态提取罐、超声波强化提取设备、浸渍提取设备、渗漉提取设备、回流提取设备和萃取提取设备等溶剂提取法对应的提取设备为主；超临界流体提取、逆流提取、微波提取等新型提取技术在中药提取设备中的应用还不够成熟。

从中国专利申请地域分布来看，浙江省、江苏省是国内提取设备专利申请量排名第一和第二的省份，申请量分别占总申请量的12%和9%，技术创新活跃度相对较高。目前专利申请量排名前十的省区市的专利申请人类型均以企业为主，占比均超过45%。虽然排名前十的省区市的高校专利申请量占比较少，但江西中医药大学在该领域技术优势突出，专利申请量排名全国第三，其在中药精油提取设备、中药提取浓缩集成化设备领域专利布局较多，并通过产学研合作模式成功将知识产权成果转化为智能中药精油提取设备产品。

3.5 分离纯化设备

3.5.1 技术概况

由于中药成分复杂，中药提取液通常需要进一步去除杂质，进行分离与纯化。分离纯化是指将中药提取所得提取液与药渣、沉淀物和固体杂质进行分离，再进一步采用合理的纯化工艺除去无效组分，同时保留有效成分和辅助成分的过程。分离纯化不同的方法具有不同的特点，在中药分离纯化过程中的使用也不应盲目，因为中药配方各异、成分复杂，不同的方法对不同药物有效成分的影响也不同，其用法用量、精制工艺条件对成品质量的影响也很大，所以应根据临床治疗的需要、处方中各药材的化学性质及所制备的剂型的要求，选择比较不同的分离和纯化方法。根据中药有效成分溶于水或溶于乙醇的性质，中药提取分离常用的方法为水提醇沉法及醇提水沉法。根据药材所含有效成分的性质及制剂所选剂型及成型工艺的特点，还可以选用滤过法、膜分离法、柱色谱法、分子蒸馏法等分离纯化方法。

3.5.2 全球专利分析

截至检索日，全球公开中药制药分离纯化设备相关专利申请共计12977件，合并同族后共11531项。本小节基于该数据对中药分离纯化设备全球专利申请趋势、地域布局、主要申请人和技术构成4个方面进行分析。

3.5.2.1 申请趋势

图3－5－1展示了分离纯化设备全球专利申请趋势。由该图可以看出，分离纯化

设备专利申请量总体呈现上升趋势。根据该趋势曲线的走势，可以将其发展过程分为三个阶段。

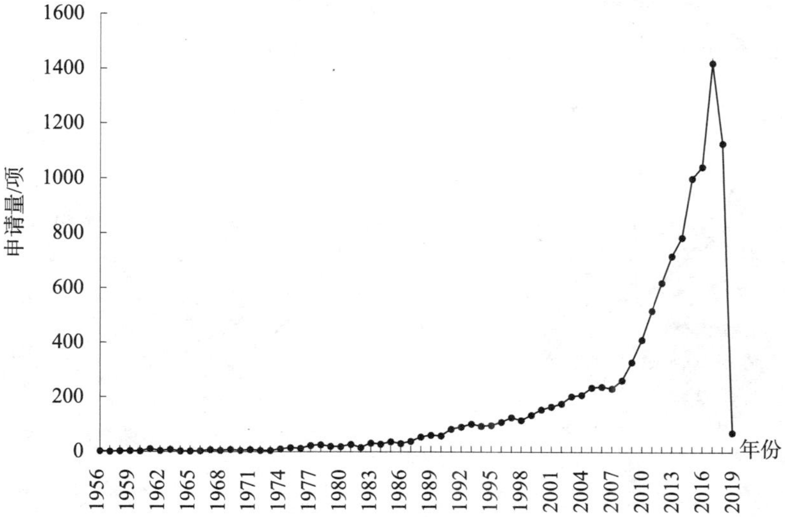

图3－5－1　分离纯化设备全球专利申请趋势

（1）技术萌芽期（1956～1987年）

分离纯化设备年专利申请量一直在低位保持稳定，增长缓慢，从1956年的2项缓慢增长到1987年的39项。该时期的分离纯化设备技术整体处于萌芽期，虽然诞生了一部分药物有效成分分离纯化技术，但还没有被推广普及，产业化程度较低，尚未大规模应用。

（2）缓慢发展期（1988～2007年）

分离纯化设备专利申请量开始出现较为明显的增长，年专利申请量从1988年的55项增长到2007年的233项。1988～2007年专利申请年均增长率为10%，这说明分离纯化设备技术已有一定程度的应用。

（3）快速发展期（2008～2019年）

自进入2008年，全球分离纯化设备专利申请呈现快速增长趋势，年专利申请量在2017年达到峰值（1425项），2008～2017年专利申请年均增长率为20%。

3.5.2.2　地域布局

（1）目标市场国/地区

图3－5－2展示了分离纯化设备全球专利目标市场国/地区占比。从该图可知，中国和美国分离纯化设备专利申请量分别排名第一位和第二位，两者占据该领域目标市场国/地区专利总量的72%，这说明在分离纯化设备技术领域，中国和美国是最大的目标市场国，全球创新主体非常重视中国和美国市场。其次是日本、德国、欧洲、韩国，占比分别为8%、3%、3%和3%，占据一定的市场份额。

（2）技术来源国/地区

图3－5－3展示了分离纯化设备全球技术来源国/地区占比。从该图可知，该领域来源于中国和美国的专利数量最高，两者之和高达78%。中国的申请数量排名第一，

主要有两方面的原因：其一为中国专利申请政策红利，其二为作为中药资源大国，我国近年来重视中药产业发展，带动了中药制药装备相关技术发展，激发了创新活力。美国的专利数量虽然排第二，但远高于其他国家，在分离纯化设备技术领域具备一定技术优势。日本和德国分别位于第三和第四位，占比分别为8%和4%。

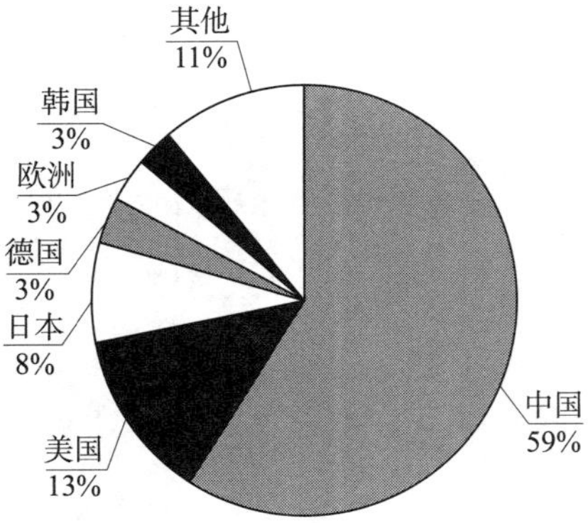

图3－5－2　分离纯化设备全球专利目标市场国/地区占比

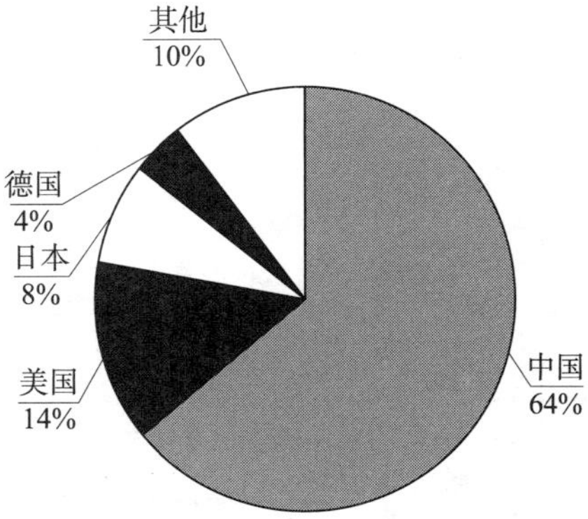

图3－5－3　分离纯化设备技术来源国/地区专利占比

3.5.2.3　主要申请人

图3－5－4展示了分离纯化设备全球专利申请量排名前十的申请人的申请量。全球排名前十的申请人主要来自中国、美国和日本。中国有3家企业、1家研究机构和1位个人申请人进入全球排名前十，分别是安徽普源分离、中国石化、江苏赛德力、中科院所和高云芝[1]。美国有3家企业进入分离纯化设备排名前十，分别是颇尔公司、通用电气和EMD密理博，其中颇尔公司排名第一，通用电气排名第三。颇尔公司于1946年由颇尔博士（Dr. David B. Pall）创建于美国纽约。从颇尔博士发明世界上第一款过滤器开始，颇尔公司逐渐发展成为世界上最大的专注于过滤、分离、纯化技术的跨国公司，在全球拥有10000余名雇员和众多的分支机构，2011年销售额逾30亿美元。日本重要申请人包括日立公司和东丽，也都是世界知名的高科技公司，该国企业的技术综合实力较强。整体而言，中国分离纯化设备重点申请人相较于美国和日本申请人来说，无论是在企业规模、技术研发实力和研发资金支持方面都还存在较大差距。

表3－5－1展示了分离纯化设备全球专利申请量排名前五的申请人的历年申请趋势。可以看出，国外申请人开始申请分离纯化设备的时间较早，且技术成果产出良好，技术创新持续，在该领域具备深厚的研发实力；其中，美国的通用电气、颇尔公司早在20世纪70年代就开始了分离纯化设备专利布局，日本日立于20世纪80年代早期加入竞争。中国申请人进入时间较晚，但技术发展迅速，处于追赶者的角色。中国申请人安徽普源分离和高云芝开始分离纯化设备专利布局时间较晚，于2010年及之后才开始进行专利布局。

[1] 高云芝是安徽四德节能设备制造有限公司的执行董事兼总经理。该公司成立于2010年12月9日，专业从事智能化叶滤机、大型冷冻过滤机组机离心机的研发、设计、制造、销售。

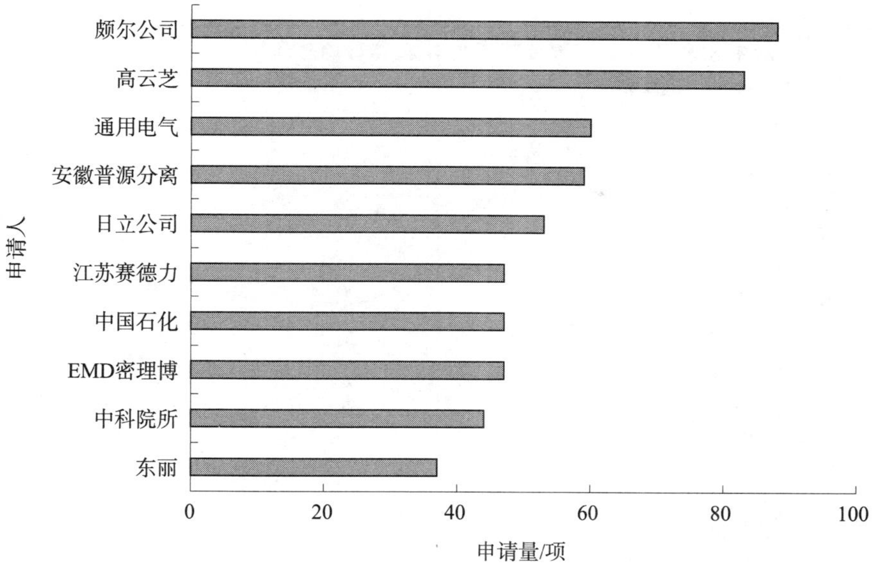

图3-5-4 分离纯化设备全球专利申请量排名前十的申请人的申请量

表3-5-1 分离纯化设备全球专利申请量排名前五的申请人的历年申请趋势 单位：项

年份	颇尔公司	高云芝	安徽普源分离	通用电气	日立公司
1970	0	0	0	1	0
1976	1	0	0	0	0
1977	1	0	0	0	0
1981	1	0	0	0	0
1982	1	0	0	0	0
1983	0	0	0	0	1
1985	0	0	0	1	1
1987	0	0	0	1	0
1988	1	0	0	0	1
1989	1	0	0	0	0
1990	1	0	0	0	0
1991	2	0	0	0	0
1992	5	0	0	1	0
1993	6	0	0	0	1
1994	4	0	0	0	0
1995	1	0	0	0	4
1996	1	0	0	1	1

续表

年份	颇尔公司	高云芝	安徽普源分离	通用电气	日立公司
1997	5	0	0	0	2
1998	2	0	0	0	1
1999	4	0	0	0	2
2000	5	0	0	0	1
2001	4	0	0	2	1
2002	3	0	0	2	3
2003	8	0	0	3	5
2004	6	0	0	2	7
2005	2	0	0	4	6
2006	4	0	0	3	2
2007	3	0	0	8	1
2008	0	0	0	4	1
2009	1	0	0	3	1
2010	1	0	3	5	2
2011	1	0	30	6	0
2012	4	0	7	3	2
2013	3	36	0	5	2
2014	3	7	4	1	3
2015	1	0	2	1	2
2016	1	0	0	2	0
2017	1	0	13	1	0
2018	0	18	0	0	0
2019	0	22	0	0	0

3.5.2.4 技术构成

按照分离纯化原理，中药提取液分离纯化设备可分为滤过、膜分离、离心、柱色谱、沉降、醇沉、分子蒸馏七种分离纯化技术设备。图3-5-5展示了分离纯化设备全球专利技术构成。由该图可以看出，滤过设备专利申请量排名第一位（5132项），占各技术分支专利申请总量的42%——因其结构简单、技术要求不高、价格低廉等特点，经常用作分离纯化的第一步，相关专利申请较多；其次是膜分离设备、离心设备和柱色谱设备，占比分别为28%、18%和8%；此外，沉降设备、醇沉设备及分子蒸馏设备占比较少，三者合计专利数量占比仅4%。

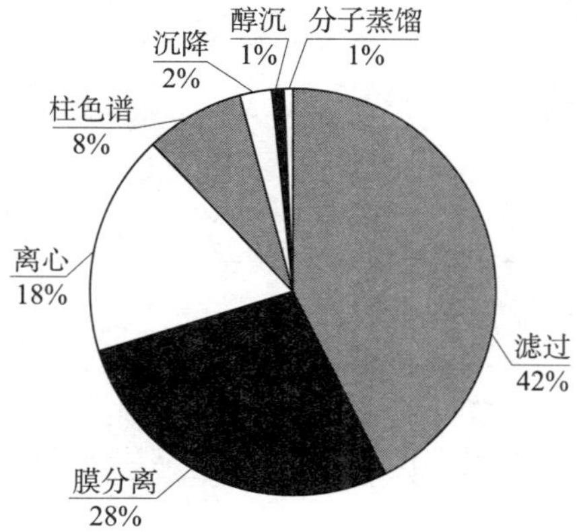

图3-5-5 分离纯化设备全球专利技术构成

图3-5-6示出了分离纯化设备各技术分支专利申请趋势。由该图可以看出，分离纯化设备各技术分支专利申请整体上呈增长趋势，但各自又有不同的表现。滤过设备领域，专利申请起步最早，专利申请量从1956年的2项增长至2017年的741项，于2008年进入快速发展期，2008~2017年年均专利增长率为24%。膜分离设备领域紧随其后，专利申请量从1958年的1项增长至2017年的278项，同滤过设备一样于2008年进入快速发展期，2008~2017年年均专利增长率为14%。离心设备领域，专利申请量从1961年的4项增长至2017年的294项，1961~2017年的年平均申请量为33项，于2008年进入快速发展期，2008~2017年年均专利增长率为27%。柱色谱设备领域，专利申请量从1959年的1项增长至2015年的90项，1959~2017年的年平均申请量为15项，于2008年进入快速发展期，2008~2017年年均专利增长率为14%。沉降设备领域，专利申请量从1992年的1项增长至2015年的52项，1992~2017年的年平均申请量为11项，于2013年进入快速发展期，2013~2017年年均专利增长率为27%。醇沉设备领域，专利申请量从2006年的1项增长至2016年的27项，2006~2017年平均申请量为8项，还处于技术萌芽期。分子蒸馏设备领域，虽然首件专利申请始于20世纪60年代，但专利申请正式起步于20世纪80年代，1956~2019年的最大年专利申请量为2017年的10项，还处于技术萌芽期。

表3-5-2展示了分离纯化设备主要目标市场国/地区专利技术构成。中国在主要技术分支上的专利储备量都占有绝对优势，其中，滤过设备的专利申请量最多，为3661件，占比为46%；离心设备次之，为1730件，占比为22%；接下来是膜分离设备、柱色谱设备、沉降设备、醇沉设备、分子蒸馏设备，占比分别为20%、6%、4%、1%和1%。与中国不同的是，美国、日本、德国和韩国研发重点集中在滤过设备、膜分离设备、离心设备和柱色谱设备技术分支，尚未对沉降设备、醇沉设备进行专利布局，其中美国和日本专利申请更集中于膜分离设备，德国和韩国专利申请更集中于滤过设备。

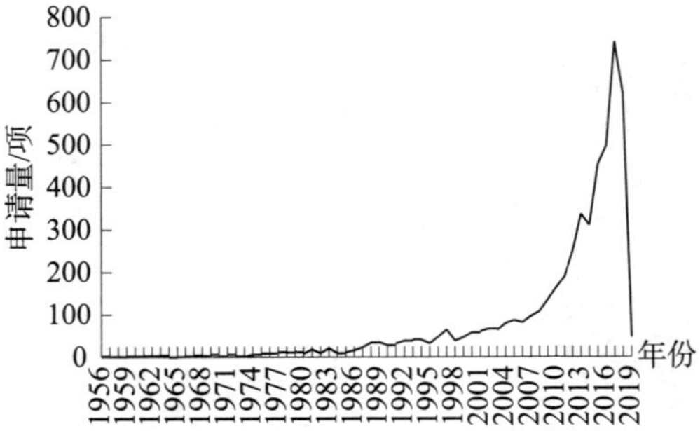

（a）滤过设备

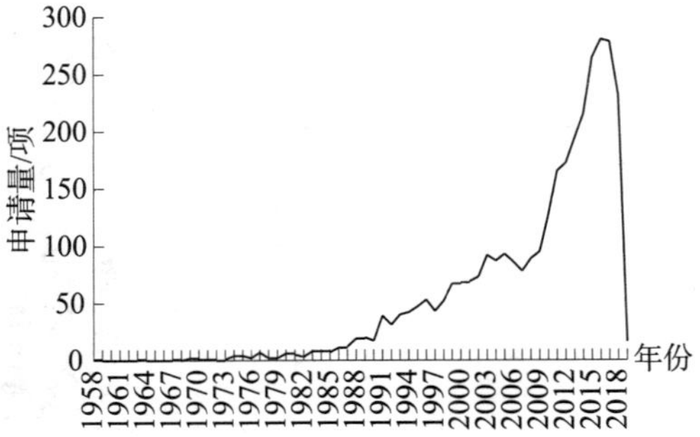

（b）膜分离设备

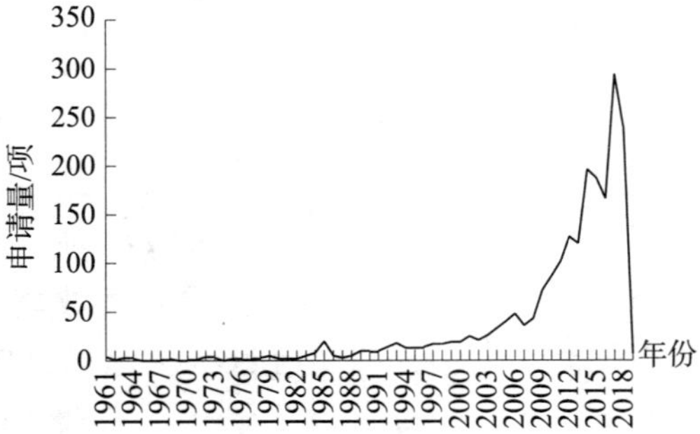

（c）离心设备

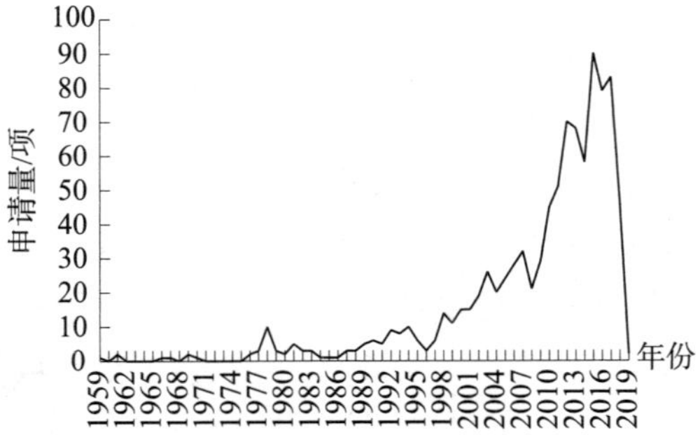

（d）柱色谱设备

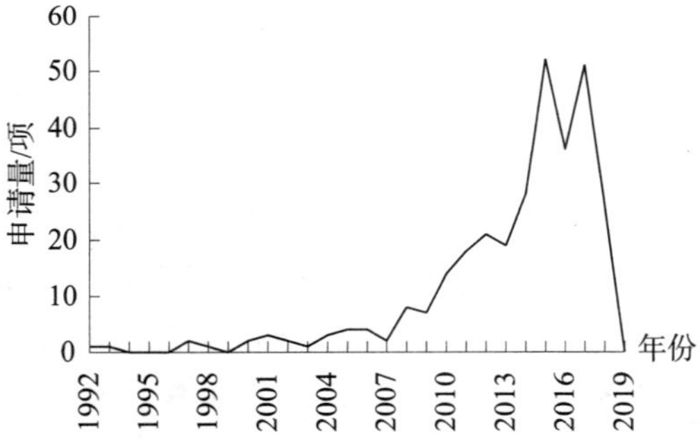

（e）沉降设备

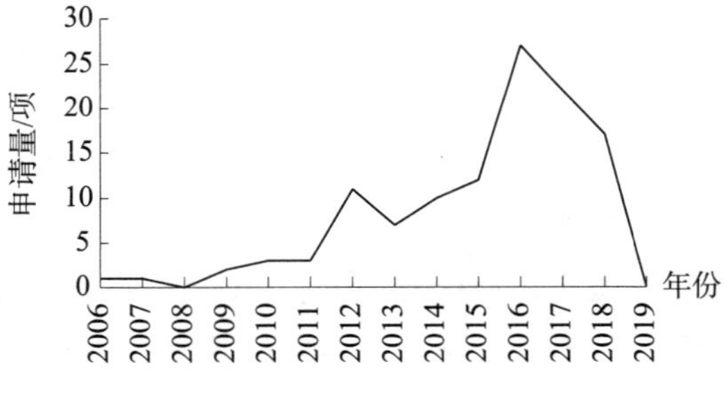

（f）醇沉设备

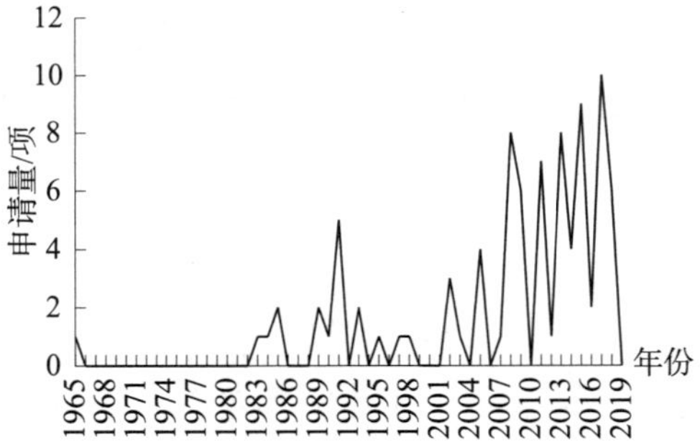

（g）分子蒸馏设备

图3-5-6　分离纯化设备各技术分支专利申请趋势

表3-5-2 分离纯化设备主要目标市场国/地区专利技术构成

国家	滤过		膜分离		离心		柱色谱		沉降		醇沉		分子蒸馏	
	申请量/件	占比	申请量/件	占比	申请量/件	占比	申请量/件	占比	申请量/件	占比	申请量/件	占比	申请量/件	占比
中国	3661	46%	1598	20%	1730	22%	516	6%	306	4%	116	1%	75	1%
美国	573	33%	788	44%	125	7%	266	15%	0	0	0	0	5	1%
日本	237	24%	583	59%	119	12%	51	5%	0	0	0	0	0	0
德国	234	48%	129	27%	74	15%	41	9%	0	0	0	0	2	1%
韩国	185	49%	143	38%	23	6%	25	7%	0	0	0	0	0	0

3.5.2.5 三方专利

所谓“三方专利”，是指在世界上最大的三个市场（美国、欧洲和日本）寻求保护的专利。一般来说，仅将一国的专利数量作为其发明活动的指标不能区分较小的和有显著经济潜力的发明。美国、欧洲和日本的专利机构是世界上最大的三个专利中心，由于这三个专利机构的专利申请和维护成本较高，如果发明者同时在这三个市场寻求专利保护，并愿意支付高成本的专利申请和维护费，一般认为这些专利背后的发明可能有较高价值。在这一假定之下，全球创新政策研究者便引入了“三方专利”这一测度创新的指标。

图3-5-7为分离纯化设备全球三方专利申请人申请量排名。可以看出，排名前十的申请人中颇尔公司、通用电气和EMD密理博为美国申请人；日本碍子、东丽和三菱公司为日本申请人；默克公司、赛多利斯和拜耳公司为德国申请人；弗鲁姆股份公司来自瑞士。美国颇尔公司作为全球分离纯化设备主要研发生产厂商，拥有29项三方专利，数量与其龙头企业的市场地位相匹配。此外，通用电气、日本碍子和默克公司也分别拥有10项左右的三方专利，在该领域海外专利布局较多。

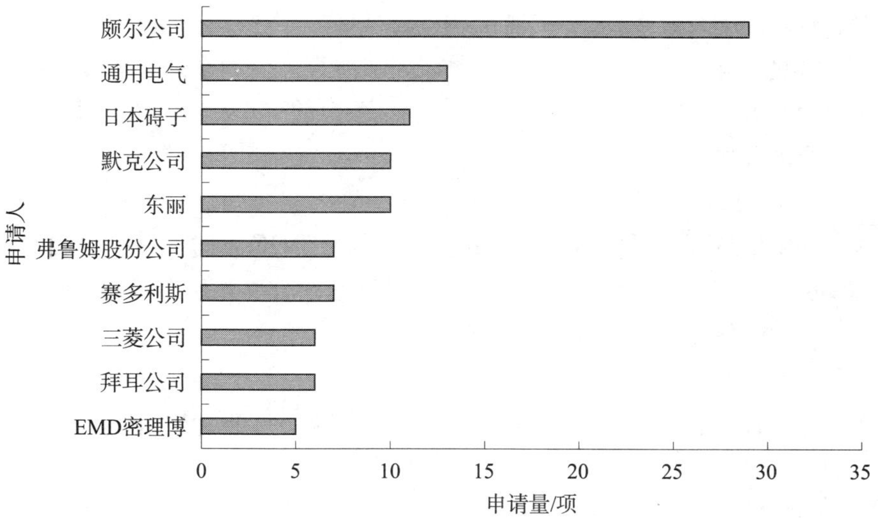

图3-5-7 分离纯化设备全球三方专利申请人申请量排名

3.5.3 中国专利分析

本小节将从专利申请趋势、地域布局、主要申请人、法律状态和专利运营5个方面对分离纯化设备领域中国专利现状进行分析。

3.5.3.1 申请趋势

图3-5-8展示了分离纯化设备中国专利申请趋势。由该图可以看出，中国分离纯化设备专利申请趋势与全球类似，整体呈现上升趋势，技术发展经历了3个阶段。

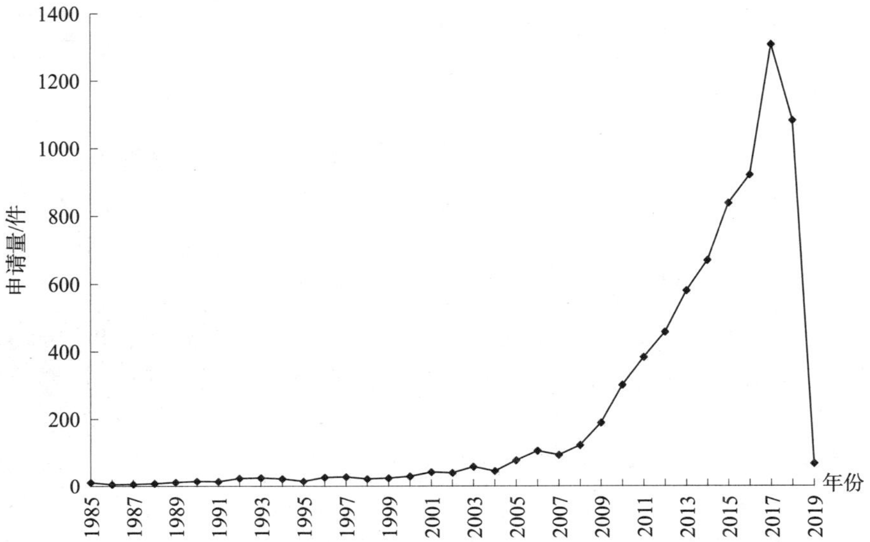

图3-5-8 分离纯化设备中国专利申请趋势

（1）技术萌芽期（1985～1995年）

受中国专利制度及技术发展的影响，中国最早的分离纯化设备专利申请晚于全球，1985～1995年的年申请量未超过30件，技术发展缓慢。同期全球分离纯化设备已经有了一定程度的发展，分离纯化技术已经产生了一系列的更迭，并且在产业上有了应用。相较而言，中国分离纯化技术还比较落后。

（2）缓慢发展期（1996～2007年）

国内专利申请量开始缓慢增长，年专利申请量从1996年的27件增长到2006年的106件，1996～2007年总申请量为601件。该时期国内分离纯化设备技术有了比较大的进步，专利技术发展速度与全球基本一致。

（3）快速发展期（2008～2019年）

分离纯化设备专利申请于2008年进入快速发展期，并于2017年达到顶峰，峰值为1305件，是上一阶段申请总量的2倍多，2008～2019年均复合增长率为24%。

3.5.3.2 地域布局

图3-5-9展示了分离纯化设备中国主要省区市专利申请量占比。江苏省分离纯化设备专利申请量排名第一，占申请总量的18%，具备一定的技术竞争优势；浙江省

紧随其后，排在第二位，占比为12%；接下来是山东省和安徽省，占比分别是8%和7%；然后是上海市、广东省和北京市，占比均为5%；四川省、天津市、河南省也有一定数量的申请，占比均为4%。江苏省、浙江省、山东省、安徽省、上海市、广东省、北京市占申请总量60%，地域集中度较高，同时说明分离纯化设备国内各省区市之间发展差异较大。

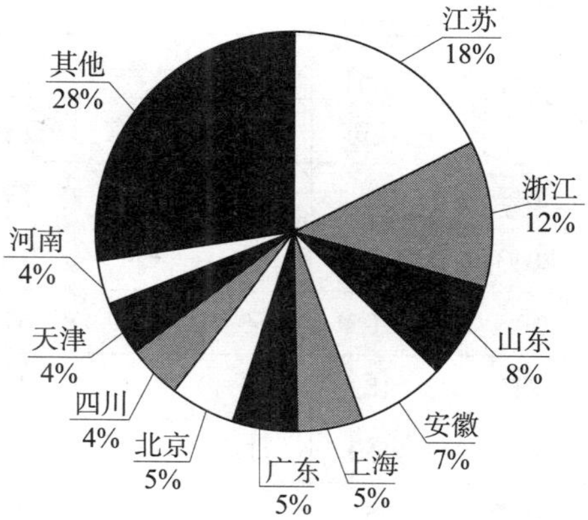

图3－5－9　分离纯化设备中国主要省区市专利申请量占比

表3－5－3展示了分离纯化设备专利申请量中国排名前十的省区市2000～2019年的专利申请分布。2005年及之前，各省区市专利申请量均较少，年均专利申请量大多未超过10件；2005年之后，随着各省区市研发力度的增强以及中药产业的快速发展，各省区市分离纯化设备专利申请呈现波动增长态势，且随着时间的推移，各省区市分离纯化设备技术发展速度逐渐拉开差距，其中，江苏省和浙江省技术发展较为迅速。

表3－5－3　分离纯化设备专利申请量中国排名前十的省区市2000～2019年的专利申请分布

单位：件

年份	省区市									
	江苏	浙江	山东	安徽	上海	广东	北京	四川	天津	河南
2000	1	2	2	0	2	2	3	0	5	0
2001	8	3	2	0	2	3	2	1	5	0
2002	3	12	3	1	4	2	2	2	3	0
2003	2	7	4	1	7	0	8	0	3	1
2004	9	3	1	0	6	1	6	2	2	0
2005	8	7	2	0	9	5	11	0	8	3
2006	12	16	9	1	11	8	6	2	4	2
2007	19	9	4	1	9	1	7	1	5	0
2008	25	6	3	3	8	5	9	1	10	5
2009	43	31	15	4	20	6	11	2	11	2
2010	64	38	18	16	24	8	28	4	9	6
2011	66	38	24	50	26	16	29	13	10	8

续表

年份	省区市									
	江苏	浙江	山东	安徽	上海	广东	北京	四川	天津	河南
2012	86	53	37	29	22	17	29	30	13	15
2013	94	90	59	79	37	18	32	16	17	9
2014	105	65	63	57	31	25	31	54	39	24
2015	183	98	51	46	33	55	35	45	56	27
2016	150	111	100	47	43	51	52	30	45	36
2017	251	150	100	87	63	100	48	65	47	64
2018	185	115	79	95	43	77	24	58	28	65
2019	8	9	7	26	1	1	2	0	3	0

表3－5－4展示了分离纯化设备专利申请量中国排名前十的省区市的专利技术构成。排名前十的省区市分离纯化设备重点技术分支专利构成与中国整体技术构成相一致，滤过设备、离心设备、膜分离设备、柱色谱设备是技术研发重点分支；沉降设备、醇沉设备、分子蒸馏设备尚处于技术萌芽期，专利申请量均较少。除北京市和天津市更重视膜分离设备技术研究外，其余省区市均更重视滤过设备技术研究，滤过设备专利占比均超过45%。

表3－5－4　分离纯化设备专利申请量中国排名前十的省区市的专利技术构成　单位：件

省区市	技术分支						
	滤过	离心	膜分离	柱色谱	沉降	醇沉	分子蒸馏
江苏	622	371	197	97	34	10	14
浙江	489	123	197	51	27	13	5
山东	316	97	121	38	15	8	9
安徽	258	192	53	15	21	8	2
上海	191	93	83	29	3	4	4
广东	213	71	80	20	10	8	4
北京	104	74	181	24	12	1	9
四川	174	63	54	30	11	3	2
天津	103	58	106	45	13	7	4
河南	158	58	18	18	11	5	1

3.5.3.3　主要申请人

图3－5－10展示了分离纯化设备中国专利申请量排名前十的申请人。总体来看，目前国内申请人专利申请量较为分散，集中度较低，排名前十的专利申请人的申请量

仅占全国申请量的5%。具体来看，排名前十的申请人中，包括2家安徽企业、2家江苏企业、1所山东的大学、1所浙江的大学、1所北京的大学和1名安徽个人申请人，说明我国在该领域的技术集中度低。

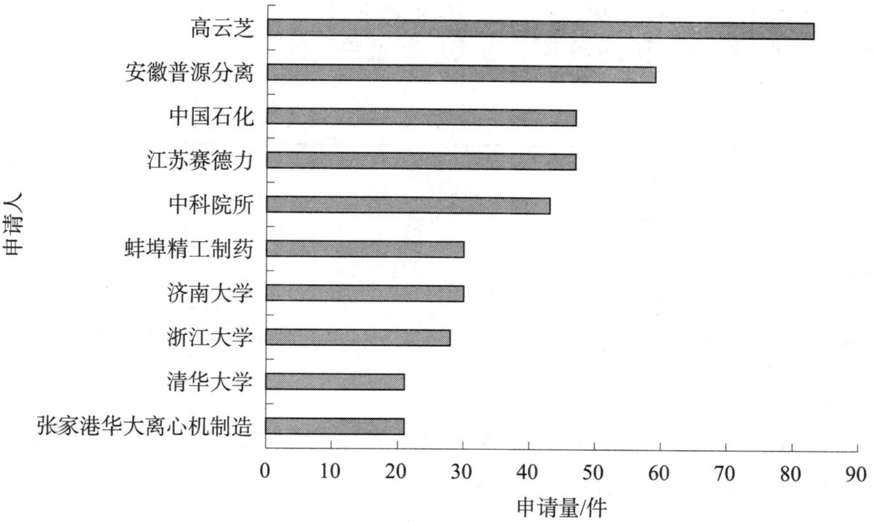

图3-5-10 分离纯化设备中国专利申请量排名前十的申请人

表3-5-5展示了分离纯化设备中国专利申请量排名前五的申请人的专利情况，包括专利申请活跃度、专利类型及专利有效性。从专利申请活跃度来看：中国石化和江苏赛德力近五年专利申请占比均超过60%，活跃度较高；相比之下，高云芝、安徽普源分离和中科院所近五年专利申请仅占30%左右，活跃度相对较低。从专利类型来看，高云芝、中国石化和中科院所发明专利申请量占比相对较高，占比均超过60%；相比之下，安徽普源分离、江苏赛德力发明专利拥有量偏低。从专利有效性来看，江苏赛德力和中科院所发明和实用新型授权专利维持有效率相对较高，失效发明和失效实用新型专利占比均未超过45%。

表3-5-5 分离纯化设备中国专利申请量排名前五的申请人的专利情况

评价指标		申请人				
		高云芝	安徽普源分离	中国石化	江苏赛德力	中科院所
专利申请活跃度	申请量占比	1.08%	0.77%	0.61%	0.61%	0.56%
	近五年专利占比	30.12%	32.20%	65.96%	65.96%	27.91%
专利类型	发明专利占比	60.24%	37.29%	72.34%	25.53%	79.07%
专利有效性	发明	有效20.00% 失效2.00%	有效18.18% 失效40.91%	有效20.59% 失效20.59%	有效58.33% 失效16.67%	有效58.82% 失效35.29%
	实用新型有效专利占比	3.03%	24.32%	46.15%	85.71%	55.56%

3.5.3.4 法律状态

表3－5－6展示了分离纯化设备中国专利申请类型及法律状态。分离纯化设备中国专利申请中，发明专利2653件，实用新型5016件，分别占总专利申请的35%和65%。发明专利中有效专利694件，在审专利975件，分别占总发明专利的26%、37%；实用新型中有效专利2979项，占实用新型总量的59%。

表3－5－6　分离纯化设备中国专利申请类型及法律状态　　单位：件

专利类型	有效	失效	审查中	总计
发明	694	984	975	2653
实用新型	2979	2037	0	5016
总计	3673	3021	975	7669

3.5.3.5 专利运营

图3－5－11展示了分离纯化设备中国专利转让和许可趋势。我国分离纯化设备专利转让活动开始于2002年；2002～2009年，发生转让的专利较少，年转让量未超过10件；2010～2013年，转让专利量开始小幅度增长，并于2011年突破20件；2014～2019年，转让专利量增长迅速，最大转让量为2018年的87件；截至2019年7月1日，发生转让的专利共485件，占同期申请总量的6%。据不完全统计，国内该领域专利许可活动开始于2008年；2008～2019年，发生许可的专利较少，年许可量未超过10件；截至2019年7月1日，发生许可的专利共57件，占同期总申请量的1%。

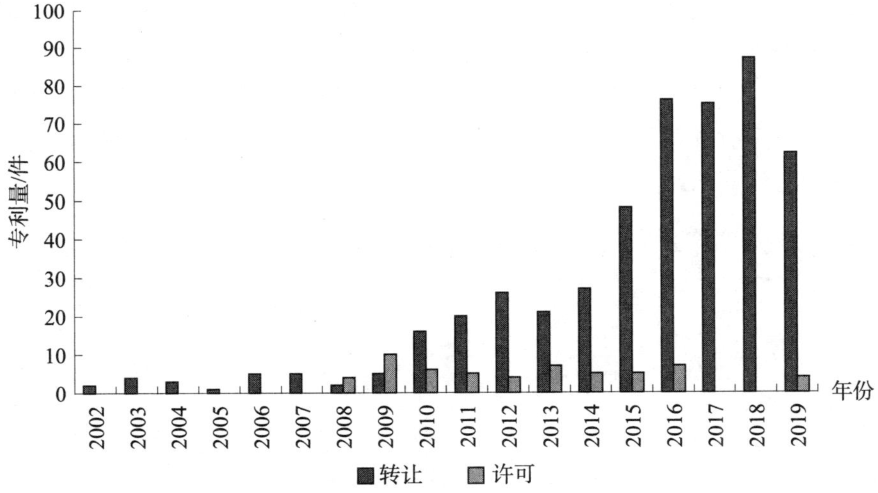

图3－5－11　分离纯化设备中国专利转让和许可趋势

3.5.4 小　　结

从全球分离纯化设备技术发展来看，滤过设备为国内外热点技术，专利数量占比为42%；离心设备、柱色谱设备近10年来呈现一定技术热度。从专利数量排名前五的国家的分离纯化设备类型来看，日本、美国膜分离设备专利占比最高，分别为59%、44%。全球前十位申请人中，包括美国颇尔公司和通用电气，日本日立公司和东丽这些全球大型企业。从申请人的全球专利布局情况来看，国外企业，如颇尔公司、通用电气等早在20世纪70年代即开始技术研发，并通过PCT途径在全球布局大量专利。

2008年以后中国进入分离纯化设备技术高速发展期。2008年分离纯化设备国内专利申请量为123件，之后呈现逐年增长趋势，2017年高达1305件，是2008年的10倍多，2008~2018年专利申请年均复合增长率为24%。从国内申请人专利申请活跃度来看，中国石化和江苏赛德力近五年的专利申请量占比均超过其专利申请总量的60%，技术创新活跃程度较高。

第4章　国外代表性企业专利分析

20世纪60年代，欧美发达国家等的制药装备行业技术开始快速发展，于20世纪80年代后形成了以博世公司、IMA、GLATT等全球领先制药设备生产企业为主导的竞争格局。20世纪90年代以来，随着中国等亚洲地区的市场逐步放开，上述企业的全球专利布局持续扩张。在此通过专利分析上述企业的专利布局策略及在华重点专利，提示国内企业避免侵权风险。

4.1　博世公司

博世公司是德国一家以工程和电子为首要业务的跨国公司，总部位于斯图加特附近的格尔林根。该公司由罗伯特·博世于1886年在斯图加特创立，是全球加工和包装技术领域的领先供应商，在全球15个国家研发和生产针对制药和食品的整体包装解决方案。为了更好地拓展中国市场，2001年4月其在中国成立了博世包装（杭州）有限公司（以下简称“博世包装”），该公司是由博世公司与博世（中国）投资有限公司共同投资的独资企业。

4.1.1　申请趋势

图4－1－1为博世公司制药装备全球专利申请趋势。博世公司全球专利申请始于20世纪70年代。1973～1996年，博世公司专利申请数量较少，且专利申请国家主要以德国、意大利等欧洲国家和美国为主。到1994年，博世公司已在13个原华沙条约组织国家中拥有了自己的公司并布局了专利。1997～2009年，伴随着中国市场的逐步开放以及印度、日本和东南亚国家新兴市场的兴起，博世公司的专利申请量呈总体上升趋

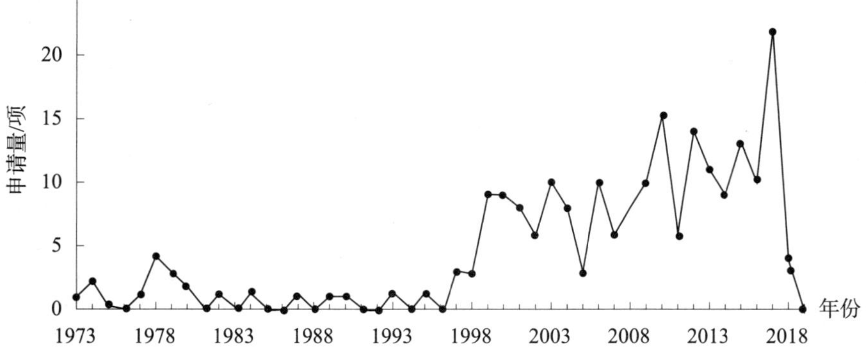

图4－1－1　博世公司制药装备全球专利申请趋势

势，其新的海外子公司相继成立；除了在欧美地区申请专利外，博世公司在中国、韩国等亚洲国家和地区也进行了专利布局。2010～2017年，随着博世公司全球化发展进程的加速，其全球专利申请量进一步增长，并且开始通过PCT途径申请及布局全球专利，其在亚洲地区如中国、韩国、印度等国家的专利申请量占比同时增长。

4.1.2 专利布局

4.1.2.1 地域布局

图4－1－2为博世公司制药装备全球专利申请国/地区分布。德国是博世公司最主要的布局地，中国、美国和印度是博世公司在制药装备领域市场拓展过程中的三个重要海外市场。德国虽然是博世公司专利申请数量最多的国家，但是其德国专利中部分专利申请年代较早，目前失效专利较多（德国失效专利占其德国专利申请总量的60%）。近年来博世公司在中国专利申请活跃度较高，随着其子公司在中国的建立，其在中国获得授权且维持有效的专利数量与其德国有效专利的数量不相上下。

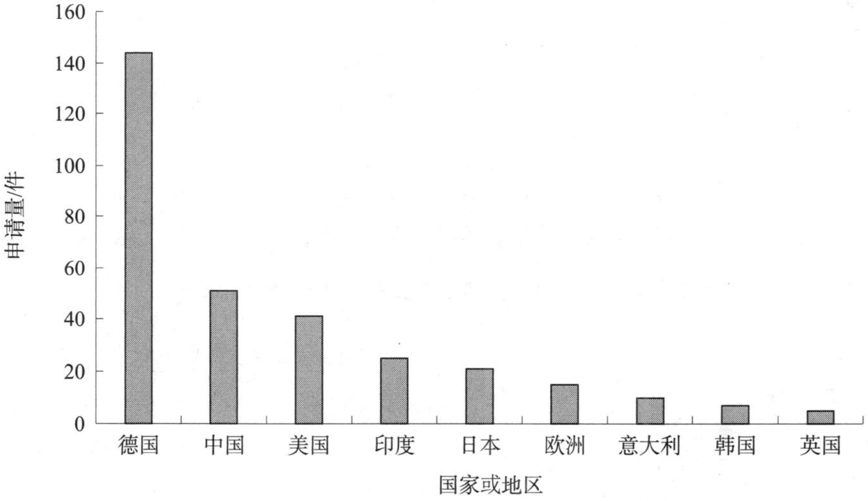

图4－1－2 博世公司制药装备全球专利申请国/地区分布

4.1.2.2 技术构成

图4－1－3为博世公司制药装备全球专利技术构成。总体来看，博世公司在除炮炙设备外的5个技术分支进行了专利布局，其中，药品包装领域是该公司的核心技术领域，专利申请量占比达到了65%。此外，博世公司在制剂成型领域也有较多专利布局，专利申请量占比19%。

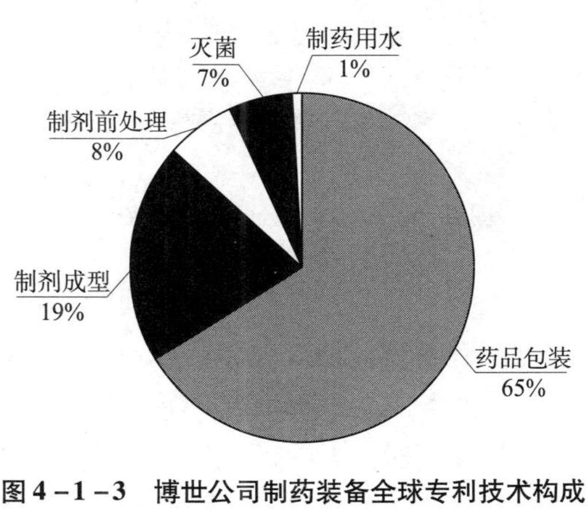

图4－1－3 博世公司制药装备全球专利技术构成

4.1.2.3 在华布局

图4-1-4为博世公司制药装备在华专利申请趋势。博世公司在中国的首件制药装备相关专利申请于1997年，该专利名称为“将粉料灌装到硬胶体胶囊或类似容器的装置”，其技术领域属于制剂成型设备。2001年，博世包装成立，主要生产医药、食品和糖果包装机械；2006年该公司开业投产，从这个时间点来看，恰好是当时属于原卫生部的食品药品监督管理局启动在中国实行药品GMP规范的讨论的起始点。同在2006年，博世公司在中国开始提交专利申请。此后该公司在中国的专利申请数量开始逐年增长。截至目前，博世已在中国申请了51件制药装备领域相关专利。

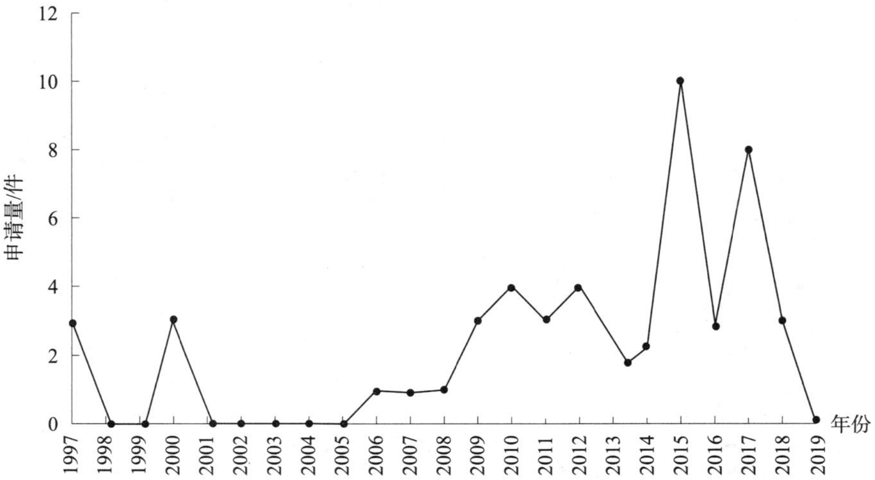

图4-1-4 博世公司制药装备在华专利申请趋势

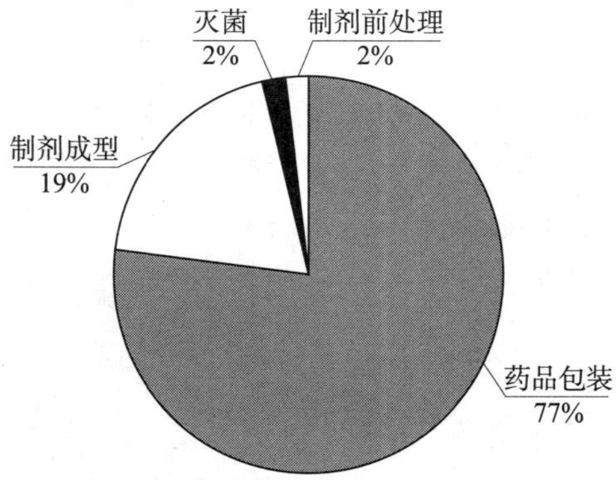

图4-1-5 博世公司制药装备在华专利技术构成

图4-1-5为博世公司制药装备在华专利技术构成，可见其在华技术布局领域与其全球专利技术构成相似，仍然是在其核心技术领域的药品包装部分进行了重点布局，申请量占比约为77%；此外，在制剂成型领域也布局了一定数量的专利，占比为19%。

图4-1-6示出了博世包装制药装备产品在华发展历程及专利布局。可以看出，随着公司产品在中国的问世以及公司规模化发展，专利申请一路伴行，其通过持续的专利申请为产品开拓中国市场保驾护航。博世包装杭州工厂在2002年有第一台制药胶囊填充机器顺利下线；2003年生产第一台袋充填成型包装机，建立了自己的销售、市场推广及售后服务团队；2005年开始研发生产面向食品行业的包装机械；2006年为了进一步大量提高产能，工厂搬迁至位于杭州下沙的杭州经济技术开发区；2007年灭菌液体线的投产，标志着其大大地扩张了制药行业的机械产品线，而无菌类别的产品是制药

行业的关键；2010 年厂房扩建，全线满足制药机械市场的发展需求；根据 2015 年的统计数据，该工厂有 320 名员工，是博世包装在亚洲地区的规模最大的一个工厂。

图 4-1-6　博世包装制药装备产品在华发展历程及专利布局

4.1.3　技术发展路线

图 4-1-7（见文前彩色插第 5 页）为博世公司制药装备全球专利技术路线。从博世公司历年 PCT 专利申请情况来看，在药品包装设备领域，发明人 Maeyer Ulrich 于 2000 年改进了灌装设备中安瓿头部段定心的装置；2006 年，以发明人 Haarer 为代表的研发团队对药品固体制剂的泡罩封装设备进行了改进；2010 年，Krauss Ulrich 等发明人的团队将药品灌装设备和封装设备集成，研发了药品封装一体设备及配件。2009～2019 年，博世公司从未间断其在药品包装设备上的技术研发与专利布局。在制剂成型领域，2004～2010 年，博世公司以发明人 Runft Werner 为代表的研发团队专注于胶囊

填充设备的研发及改进，分别针对胶囊填充设备构造、物料称重部件、填充和封闭部件进行了改进。在制剂前处理领域，2000 年，以发明人 Reed Robert Gary 为主的技术团队进行了粉碎设备的改进；此后博世公司长期未在该领域研发，直至 2012 年申请了过滤器装置和用于净化水的方法的专利。

4.1.4 重点专利

博世公司的重点专利是课题组综合考虑了同族专利情况、权利要求项数、专利引证情况以及技术代表性而筛选确定的。表 4－1－1 示出了博世公司制药装备重点专利——它们均通过 PCT 途径进入了全球多个国家和地区，同时进入了中国。

表 4－1－1　博世公司制药装备重点专利

序号	申请号	申请日	名称	简单同族
1	CN201180061303.9	2011 年 12 月 14 日	运输装置	WO2012084648A1； ES2532542T3； BRPI1315620A2； CA2819807A1； CA2819807C； US20130299316A1； CN103429481A； CN103429481B； DE102010063741A1； EP2655156A1； EP2655156B1； IN5261DELNP2013A； US8944238B2
2	CN201080047268.0	2010 年 10 月 1 日	用于构造为胶囊填充和封闭机的包装机或用于胶囊控制装置的传感器装置	EP2490650A2； WO2011047945A2； EP2490650B1； US20120207272A1； KR1020120086699A； CN102596148A； ES2543884T3； CN102596148B； WO2011047945A3
3	CN201080029899.X	2010 年 5 月 3 日	用于灌装和封闭药物小容器的设备	EP2448820B1； US20120090268A1； DE102009027452A1； WO2011000606A1； EP2448820A1； IN9550DELNP2011A； CN102470933A； CN102470933B

续表

序号	申请号	申请日	名称	简单同族
4	CN201180059868.3	2011年11月4日	用于将填充物填充到胶囊中的装置	US20130255833A1； KR1020130140076A； CN103260581A； CN103260581B； EP2651368A1； WO2012079840A1； EP2651368B1； JP2014501673A； JP5774123B2
5	CN201080049513.1	2010年9月28日	用于配量地填充松散材料的装置	US20120279999A1； EP2496478A1； CA2778801A1； CN102596724B； ES2421484T3； US8857675B2； CN102596724A； DE102009046288A1； EP2496478B1； JP2013509341A； JP5595510B2； WO2011051066A1

申请号为CN201180061303.9、申请日为2011年12月14日的专利是以德国专利DE102010063741的申请日（2010年12月21日）为优先权日在中国提交的专利。该专利涉及全球同族专利13件，技术主题为“运输装置”，具体为药品生产领域中用于沿着一闭合的运输轨道来运输物品的装置。该发明技术方案所要解决的技术问题包括为运输系统开发运输模块，以及对导向轨的不准确性的自动补偿，使更换运输模块后的生产的重新启动可以在尽量短的时间内进行。如图4-1-8所示，所述装置带有两个平行地并且竖直彼此叠置地布置的、管形或者杆形的、作为运输轨道的导向轨（12、14）；至少一个运输模块（10），所述至少一个运输模块通过至少一支撑滚轮对（46、48）与每个导向轨（12、14）连接，其中，每个支撑滚轮对（46、48）的滚轮能够绕基本上垂直于一导向轨轴线（x）的、围出一小于180°的角度的滚轮轴线（a）转动并且在一卡锁位置中贴靠所述导向轨（12、14）中的一个导向轨；基本上平行于所述导向轨（12、14）环绕布置的、能与所述至少一个运输模块（10）连接的驱动器件（52），其特征在于，所述支撑滚轮对（46、48）通过至少一个作用到所述支撑滚轮对（46、48）上的、产生一指向力的力元件（40）而力锁合地贴靠所述导向轨（12、

14），并且，贴靠不同导向轨（12、14）的支撑滚轮对（46、48）中的至少一个支撑滚轮对能够逆着所述力元件（40）的力作用方向从与所述导向轨（46、48）的所述卡锁位置中移动出来。

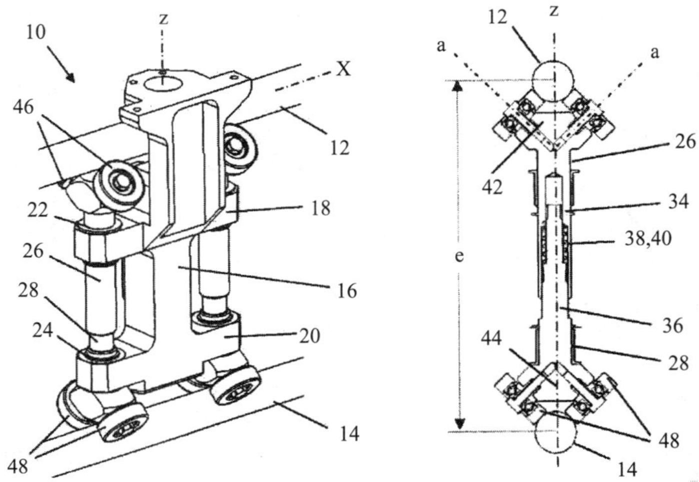

图4-1-8　CN201180061303.9技术方案示意图

申请号为CN201080047268.0、申请日为2010年10月1日的专利是以德国专利DE102009045809、DE102010001701、DE102010038544的主题在中国提交并申请优先权的专利。该专利涉及全球同族专利10件。该发明实现的效果是，该传感器装置用于胶囊填充和封闭装置的包装机，使测量精度提高以及能够以简单方式和方法实现关于容器或容器的填充物的填充效果。此外，传感器装置可以高效地在传感器装置的区域中简单地传输或者定位胶囊。技术方案如图4-1-9所示。该专利技术方案为一种用于构造为胶囊填充和封闭机的包装机（100）或用于胶囊控制装置（100a）的传感器装置（30；30a；30b；30c），该传感器装置包括：定位元件（35；35a），其用于在所述传感器装置（30；30a；30b；30c）的区域中定位以填充物填充的、具有纵轴线（15）的容器（c）；和至少一个辐射源（31；31a；3b）；以及至少一个检测器（40；40a；40b），其用于检测在透射所述容器（c）之后的辐射。按该发明规定，所述至少一个辐射源（31；31a；31b）垂直于所述容器的纵轴线（15）透射所述容器（c）并且所述定位元件被构造为管形或竖井形的输送元件（35；35a），所述输送元件在所述辐射源（31；31a；31b）的辐射锥（38）中对于辐射是可透过的。

申请号为CN201080029899.X、申请日为2010年5月3日的专利是以德国专利DE102009027452的主题在中国提交并申请优先权的专利。该专利涉及全球同族专利8件。该专利基于现有技术，改进现有技术中用于灌装和封闭药物小容器的设备，使该设备也适合于搬运或者灌装和封闭设有卷边盖的药物小容器，尤其适合于小瓶和圆柱安瓿。如图4-1-10所示，该专利技术方案为用于灌装和封闭药物小容器的设备（10），其中，所述小容器被接收在一个接收容器（12）中，一个能够从所述接收容器（12）取出的支撑元件（11）被放入所述接收容器中，在所述支撑元件中小容器并肩和

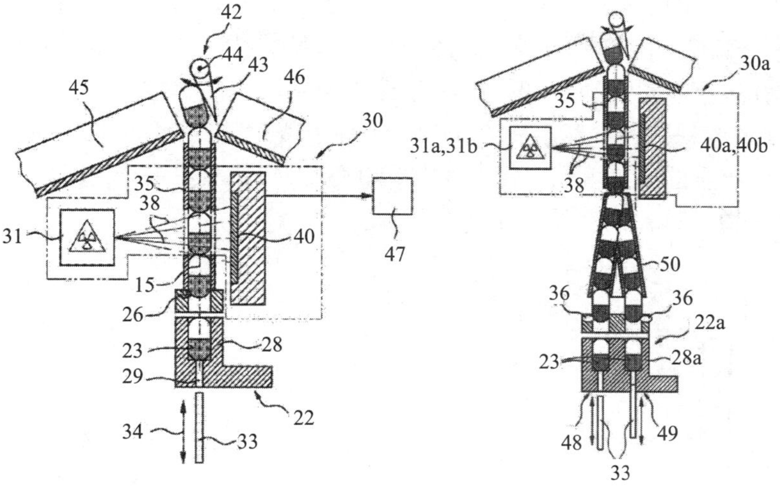

图4-1-9　CN201080047268.0 技术方案示意图

相继成多排地设置在所述支撑元件（11）的接收部中，所述设备具有一个用于从所述接收容器（12）取出所述支撑元件（11）的第一搬运单元（27）、一个用于小容器的灌装和封闭装置（35）和一个用于将所述支撑元件（11）重新放入与所述支撑元件（11）一起在输送装置（20）上被输送的所述接收容器（12）中的第二搬运单元（45），其特征在于所述小容器被构造为注射器体（1）或设有卷边盖（53）的小容器，并且给第二搬运装置（45）配设一个卷边装置（54），在搬运设有卷边盖（53）的小容器时所述卷边装置被所述第二搬运装置（45）控制，使所述第二搬运装置（45）将小容器首先输送给所述卷边装置（54）并且接着将之前借助所述卷边装置（54）封闭的小容器重新放入所述支撑元件（11）中。

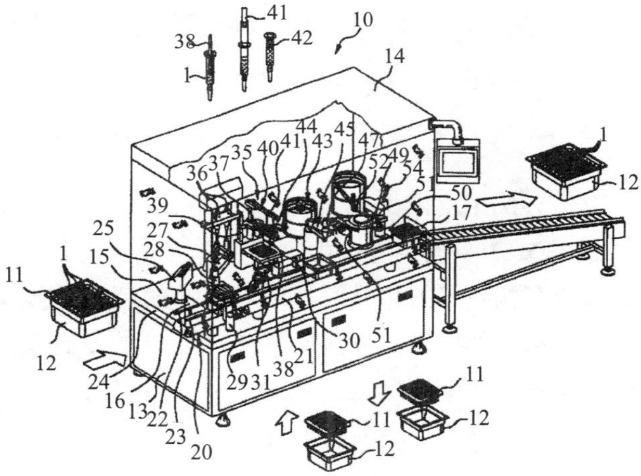

图4-1-10　CN201080029899.X 技术方案示意图

申请号为CN201180059868.3、申请日为2011年11月4日的专利是以德国专利DE102010063138和DE102011084555的主题在中国提交并申请优先权的专利。该专利涉及全球同族专利9件。该专利的有益效果是，按照该发明可以取消多个胶囊填充站并且仍实现快速填充。如图4-1-11所示，该专利技术方案为用于将填充物（21）填充到胶囊（22）中的装置，包括：用于将填充物（21）输入给胶囊（22）的填充装置（25），具有至少一列接收部（31）的胶囊保持器（30），在接收部中设置待填充的胶囊（20），具有多个前后相继地设置的站的站装置，其中，站装置包括至少一个填充站（5）和一个节拍式工作的驱动器，和运动装置（50；60；70），它在胶囊填充站（5）上执行一个在填充装置（25）和胶囊保持器（30）之间的相对运动，其中，填充装置（25）相对于胶囊保持器（30）占据至少一个用于填充第一胶囊的第一填充位置和一个用于填充第二胶囊的第二填充位置，其中，填充站（5）具有一个配量轮（26）和一个用于接收填充物（21）的存储漏斗（27）。

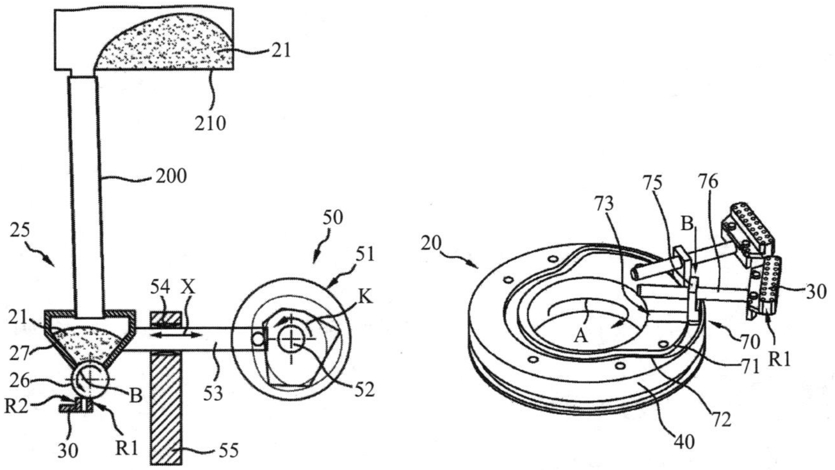

图4-1-11　CN201180059868.3 技术方案示意图

申请号为 CN201080049513.1、申请日为 2010 年 9 月 28 日的专利是以德国专利 DE102009046288 的主题在中国提交并申请优先权的专利。该专利涉及全球同族专利 12 件。该专利的技术效果是，在现有技术的装置上改进，使药品在填充包装时，填充袋尤其是细窄袋如所谓的棒包时，尽可能少的或者没有填充物附着在袋内壁的用于构成横向封接缝的上部区域上。如图 4-1-12 所示，该专利技术方案为一种用于配量地填

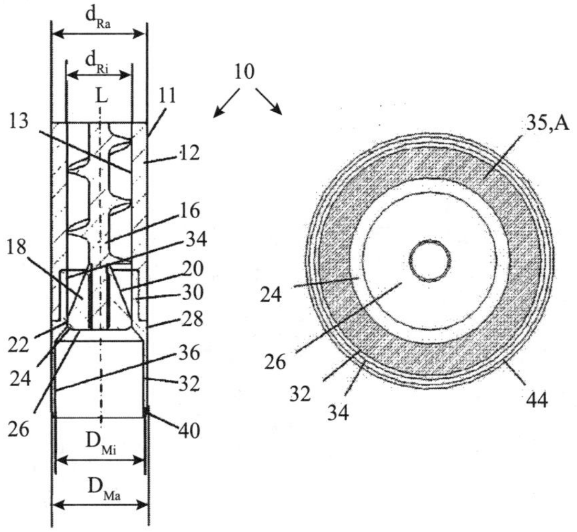

图4-1-12　CN201080049513.1 技术方案示意图

充松散材料的装置（10），该装置具有一个设置在空心圆柱形的配量管（12）中的、能够在所述配量管（12）的纵轴线（L）上移动的配量蜗杆（16），所述配量蜗杆带有一个用于封闭配量开口（14）的封闭头（18），所述封闭头（18）具有一个基本上锥形的导流面（20）并且所述配量管（12）在所述配量开口（14）之后过渡到空心圆柱形的通口件（32）中，所述通口件具有比所述配量管（12）的内直径（dRi）大的内直径（DMi）。

4.2　IMA

意大利的 IMA 成立于 1961 年，拥有 9 个下属机构，17 家全球工厂，销售网络覆盖全球 80 多个国家，于 1995 年在米兰证券交易所上市。该公司主要业务来自生产用于制药领域的机器，总销售额的 83% 都来自该业务。IMA 能够提供整套口服固体药品的生产和处理机器、粉末移动和清洗系统、药品塑封机系列等产品，另外，该公司在无菌及非无菌环境下固液封装处理机、冻干机及标签机领域处于主导地位。IMA 在中国有伊马包装加工设备（北京）有限公司、伊马莱富（北京）制药系统有限公司、天津伊马机器有限公司等多个销售机构、生产基地和售后服务中心。

4.2.1　申请趋势

图 4－2－1 为 IMA 制药装备全球专利申请趋势。其专利申请始于 20 世纪 80 年代。1989～2001 年，IMA 的专利申请主要以在欧美地区为主，专利申请呈现总体上升趋势。2002～2006 年，伴随着亚太地区制药装备市场的逐步开放，IMA 重点加强了其在中国、韩国、印度的专利布局，其间专利申请量陡然增长。2007～2019 年，IMA 的全球化发展进程持续波动，专利申请量保持在约年均 5 项。

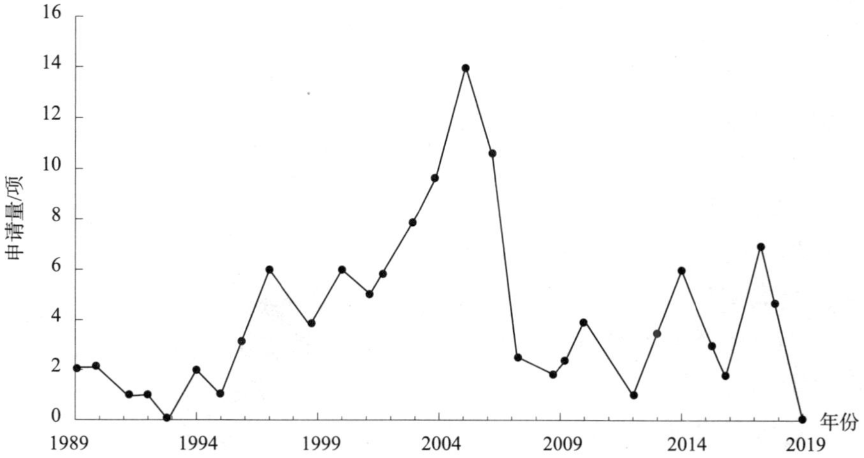

图 4－2－1　IMA 制药装备全球专利申请趋势

4.2.2 专利布局

4.2.2.1 地域布局

图4－2－2为IMA制药装备全球专利申请国/地区分布。欧洲、美国是IMA最主要的布局地，印度、中国、韩国是IMA在制药装备领域市场拓展过程中的三个重要亚洲市场。此外，意大利、澳大利亚、日本和阿根廷也是其市场国。

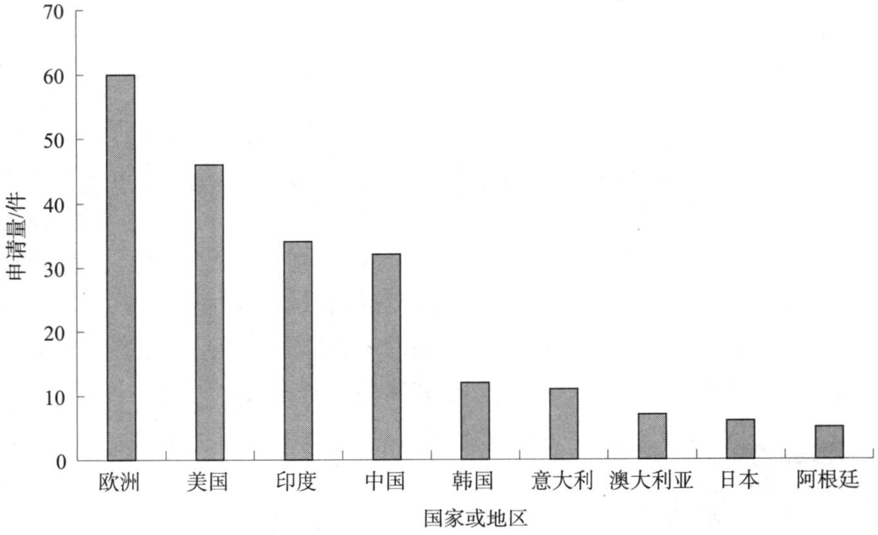

图4－2－2 IMA制药装备全球专利申请国/地区分布

4.2.2.2 技术构成

图4－2－3为IMA制药装备全球专利技术构成。从技术构成上来看，IMA在制药装备领域的专利主要由药品包装及制剂成型两个技术领域构成。上述两个技术领域的专利申请量占该公司制药装备领域申请总量的91%。此外，在制剂前处理领域，有一定数量的干燥设备专利，专利申请量占该公司制药装备领域申请总量的8%。

4.2.2.3 在华布局

图4－2－4为IMA制药装备在华专利申请趋势。IMA制药装备专利首次进入中国为1999年，该专利为CN99812348.X（“硬胶囊计量装置”）。2000～2006年，IMA集中在中国的专利申请趋势陡然增长，其间，IMA的在华分公司，如伊马莱富（北京）制药系统有限公司、伊马包装加工设备（北京）有限公司相继设立。2007～2019年，IMA在中国的专利申请趋势趋于平缓。

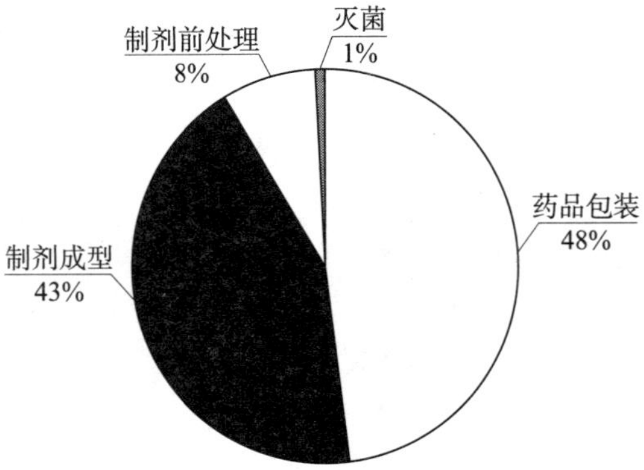

图4－2－3 IMA制药装备全球专利技术构成

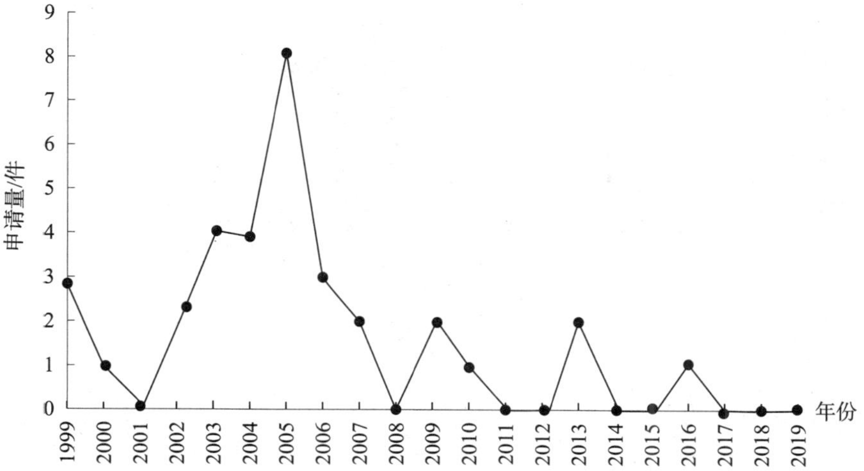

图4-2-4 IMA制药装备在华专利申请趋势

图4-2-5为IMA制药装备在华专利技术构成。与其全球专利技术构成不同，IMA在中国相对更注重在制剂成型这一核心技术领域布局，申请了包括胶囊填充机、压片机、冻干机等专利，申请量占比约为73%。此外，其在药品包装领域布局了包括泡罩包装、产品供给等专利，占比为24%。

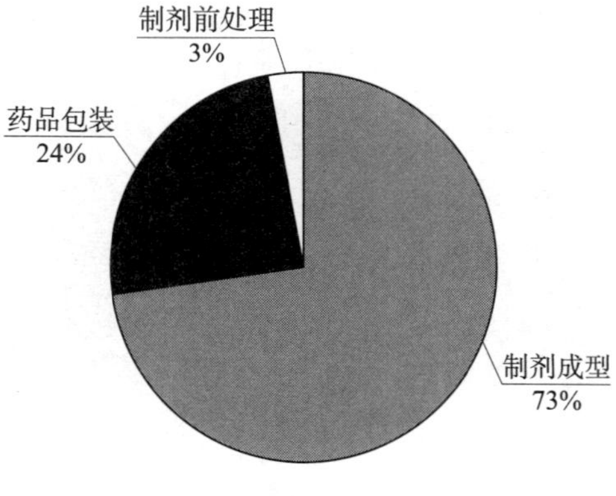

图4-2-5 IMA制药装备在华专利技术构成

4.2.3 技术发展路线

图4-2-6为IMA制药装备全球专利技术发展路线。在制剂成型领域，IMA涉及的技术分支众多，包括胶囊填充、压片、制粒、包衣。以发明人Trebbi Roberto为代表的技术团队专注于胶囊填充机的改进，从1995年以来，该团队分别从胶囊定量给料机、胶囊填充部件、胶囊密封处理部件、胶囊检测装置等方面对胶囊填充机进行了细致的技术改进。1995~2007年，以发明人Fabri Guido Bruno为代表的技术团队对压片机的结构进行了改进。以发明人Gandolfi Nicola为代表的技术团队分别在2004~2007年以及2018年对包衣设备的结构进行了改进。此外，以发明人Consoli Salvatore Fabrizio为代表的技术团队在2004~2006年改进了制粒设备。在药品包装领域，以发明人Rivola

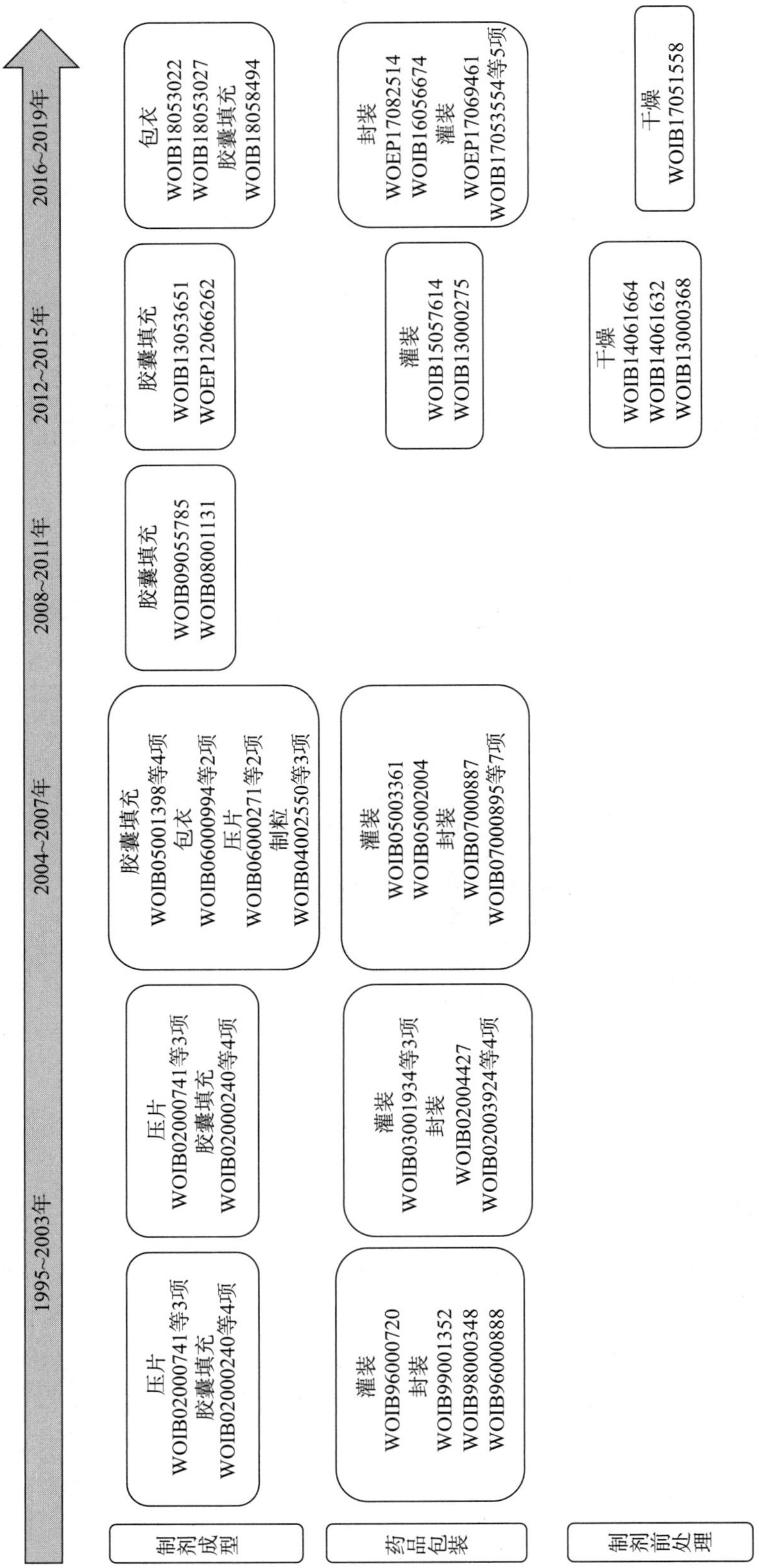

图4-2-6 IMA制药装备全球专利技术发展路线

Sauro、Trebbi Claudio 为代表的技术团队自 1995 年以来不断对药品灌装设备进行改进。以发明人 Trebbi Claudio、Amaranti Alessandro 为代表的技术团队不断对药品封装设备进行改进。在制剂前处理领域，2012 年以来，以发明人 Ragazzini Ivan 为代表的技术团队开始针对干燥设备进行技术研发，重点改进冻干机、冻干生产线运输设备及装置。

4.2.4　重点专利

IMA 的重点专利是课题组综合考虑了同族专利情况、权利要求项数、专利引证情况以及技术代表性而筛选确定的。表 4-2-1 示出了 IMA 制药装备重点专利；它们都通过 PCT 途径，进入了全球多个国家和地区，也进入了中国。

表 4-2-1　IMA 制药装备重点专利

序号	申请号	申请日	名称	简单同族
1	CN201080034622.6	2010 年 7 月 21 日	用于在冷冻干燥机中装卸容器的方法和装置	WO2011015453A1； CN102483303B； CN102483303A； EP2462396A1； US20120159803A1； WO2011015453A8； IN919CHENP2012A； JP2013500916A； JP2015157711A； JP5735507B2； NL2003338C
2	CN201080068427.5	2010 年 8 月 4 日	利用喷洒冷冻和搅拌干燥的散装冷冻干燥系统及方法	WO2012018320A1； US20130118026A1； EP2601466A1； EP2601466B1； JP2013538327A； JP5680199B2； CN103069240A； CN103069240B； EP2601466A4； US9052138B2

续表

序号	申请号	申请日	名称	简单同族
3	CN201180040272.9	2011年8月19日	用于称重物品的系统和方法	IN4171KOLNP2012A；EP2605969A1；CN103108807A；CN103108807B；ES2544290T3；IT1401415B1；EP2605969B1；ITBO20100522A1；US20130206484A1；WO2012023118A1
4	CN201680031637.4	2016年4月19日	用于填充制药、医疗、食物产品或类似物的容器的填充线的称重设备和方法	EP3286530A1；CN107810392A；IN201737037107A；JP2018516368A；US20180106661A1；WO2016170474A1
5	CN201280034005.5	2012年5月9日	具有片剂出口的旋转式压片机、用于所述旋转式压片机的片剂出口，以及在压片机上生产片剂的方法	DE102011050290A1；WO2012153283A1；CN103702823A；DE102011050290B4；EP2707212A1；IN3265KOLNP2013A；CN103702823B；EP2707212B1；JP2014516795A；JP6019109B2；US10322556B2；US20170080662A1

申请号为CN201080034622.6、申请日为2010年7月21日的专利是以专利NL2003338的主题在中国提交并申请优先权的专利。该专利涉及全球同族专利14件。如图4-2-7所示，该专利的技术方案为用于在冷冻干燥机中装卸小瓶的方法和装置，具体为一种用于在位于第一位置处的冷冻干燥机（1）和相对于所述冷冻干燥机可移动的分离的可移动搬运车（30）之间转移例如小瓶等容器（101）的方法，其中，所述冷冻干燥机（1）包括：冷冻干燥机壳体（2），冷冻干燥机壳体具有朝向所述冷冻干燥机壳体（2）内部的内部冷冻干燥室（10）的进出开口（11）；多个搁板（21~24），其在所述冷冻干燥室（10）内部彼此间隔开地上下叠置，并且每一个搁板设置有用于支撑所述容器的水平延伸的第一平坦支撑表面（25），其中，所述可移动搬运车（30）包括：可移动底架（31），所述底架支撑具有朝向内部存放室（39）的进出开口（40）的存放壳体（33）；承载件，其设置有用于在所述存放壳体（33）内部支撑容器的第二

平坦支撑表面（58）；和容器移位装置（60），其用于沿平行于所述第二平坦支撑表面（58）的推出方向远离所述第二平坦支撑表面（58）推出容器。

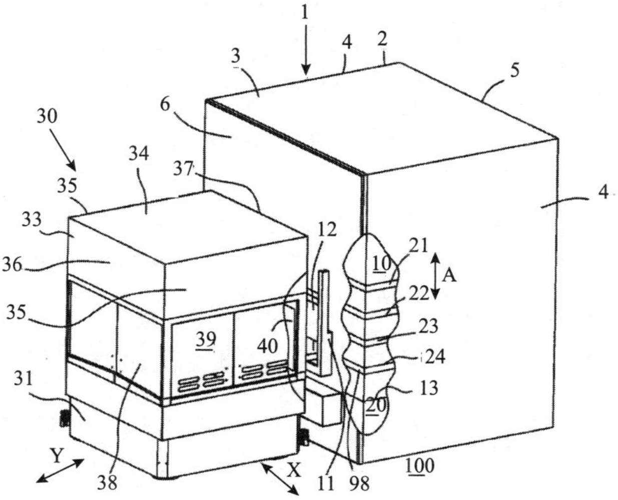

图4-2-7 CN201080034622.6技术方案示意图

申请号为CN201080068427.5、申请日为2010年8月4日的专利是以WO10002167的主题在中国提交并申请优先权的专利。该专利涉及全球同族专利10件。如图4-2-8所示，该专利的技术方案为冷冻干燥系统，具体为该冷冻干燥器通过将雾化产品喷流与消毒液氮混合而冷冻产品，得到的粉末在容器中冷冻干燥，将容器内容物搅拌以保持产品与被加热的容器壁接触并且防止聚结。

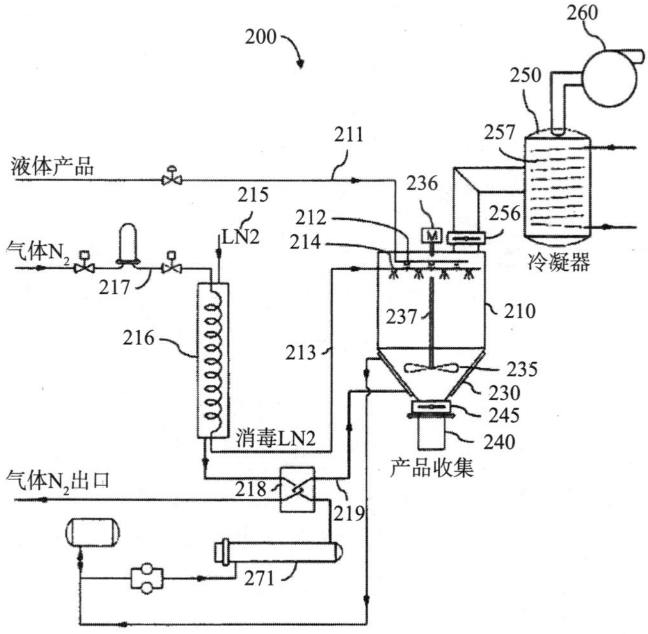

图4-2-8 CN201080068427.5技术方案示意图

申请号为CN201180040272.9、申请日为2011年8月19日的专利是以意大利专利IT20100522的主题在中国提交并申请优先权的专利。该专利涉及全球同族专利10件。如图4-2-9所示，该专利的技术方案为用于称重物品的系统和方法，具体为用于装有产品的胶囊（100）的全体重量检查的系统和方法，包括按照限定的装填顺序装填胶囊（100）的装填机（2）、称重所有上述胶囊（100）的称重设备（3）和将所述胶囊（100）从装填机（2）输送至称重设备（3）的输送工具（4），其中，输送工具（4）包括移除工具（21）和运送工具（5），移除工具（21）适于按照所述限定的装填顺序从装填机（2）移除胶囊（100）并将胶囊输送至运送工具（5），运送工具（5）适于按照所述限定的装填顺序容纳和存储多个胶囊（100）并按照所述限定的装填顺序将胶囊（100）输送至称重设备（3）。该发明的目的是改进用于称重全部物品例如通过装填机装填产品或通过包装机包装的胶囊或类似元件的全体或100%的重量检查系统和方法。

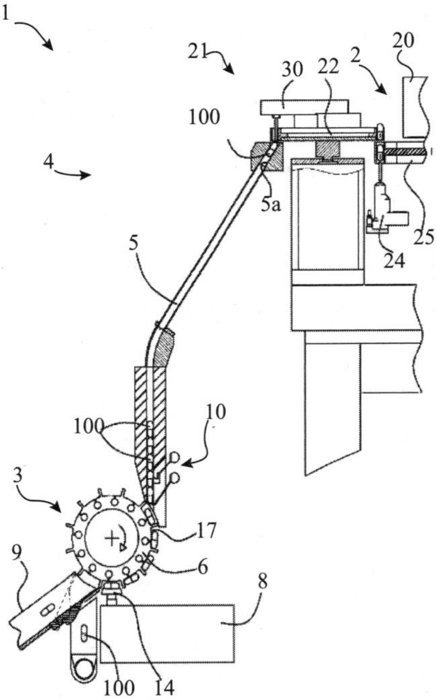

图4-2-9　CN201180040272.9技术方案示意图

申请号为CN201680031637.4、申请日为2016年4月19日的专利是以意大利专利IT20150569的主题在中国提交并申请优先权的专利。该专利涉及全球同族专利8件。如图4-2-10所示，该发明技术方案为一种对用于填充制药、医疗、食物产品或类似物的容器（12）的填充线（70）称重的设备，其包括称重单元（20）和抽吸单元（14），所述抽吸单元被设计成产生抽吸气流，所述抽吸气流被指引和调节成以可控的方式影响由所述称重单元（20）检测的重量的值。

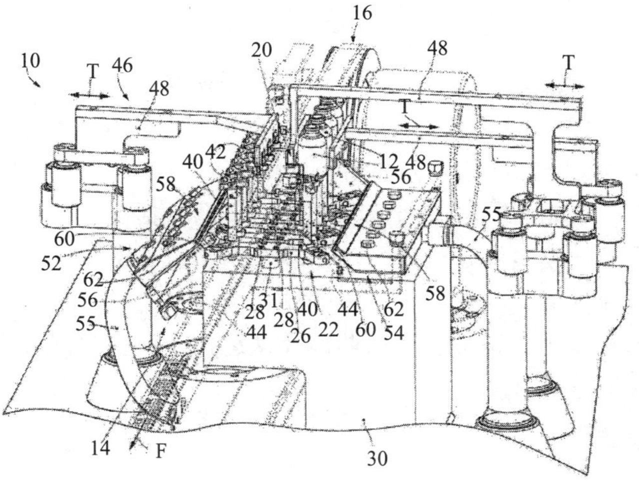

图4-2-10 CN201680031637.4技术方案示意图

申请号为CN201280034005.5、申请日为2012年5月9日的专利是以德国专利DE102011050290的主题在中国提交并申请优先权的专利。该专利涉及全球同族专利10件。如图4-2-11所示，该专利的技术方案为一种旋转式压片机，具有：一个转子，能围绕一个竖直的旋转轴被驱动，且具有一个冲模板（4），所述冲模板（4）带有冲模孔（5），用于借助于冲头在所述冲模孔的内部生产片剂；至少一个填充站；至少一个压制站；以及，至少一个片剂出口（20），用于将所生产的片剂移出所述旋转式压片机，所述片剂出口与排出设备（13）相关联，凭借所述排出设备，根据控制信号，片剂能作为单个片剂被供应至所述片剂出口（20）中的第一通道（21），或者片剂能作为片剂流被供应至所述片剂出口（20）中的第二通道（22）。为了在更好地符合片剂要求的情况下，能够实现增大的生产输出，带有称重单元的称重设备（40）被结合到称重出口（20）中，来自第一通道（21）的片剂能借助于供应通道（28）供应至所述称重设备。该发明所要解决的技术问题是在更好地符合片剂要求的情况下，能够实现增大的生产输出。

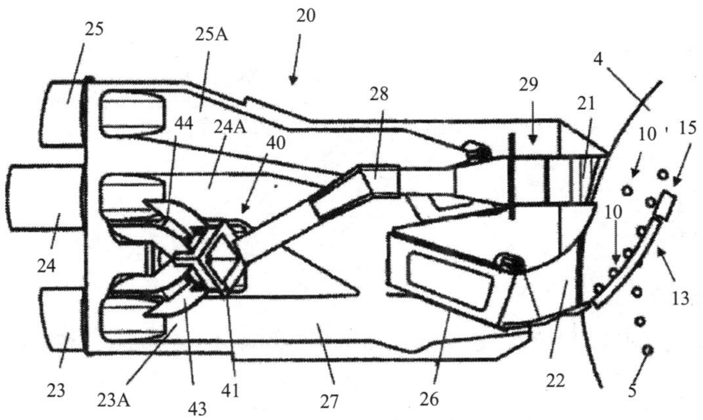

图4-2-11 CN201280034005.5技术方案示意图

4.3 GLATT

德国的GLATT由Werner Glatt先生创立于1954年，至今已成为世界性集团式大公司，拥有员工近1500人，共15家分公司。1959年，GLATT制造了全世界第一台用于制药工业的流化床；现如今其在制药设备方面的产品包括流化床设备、真空系统、片子包衣系统、混合机、物料输送设备、高速混合制粒机、整粒机、真空干燥机、洁净室技术等都具有行业优势。此外，该公司还提供包括工艺可行性实验、全承包工程设计、一体化控制系统、用户编程、现场调试及试运作、项目规划、验证及校正、维护保养、产品加工等服务项目。

4.3.1 申请趋势

图4-3-1为GLATT制药装备全球专利申请趋势。GLATT的全球专利申请始于20世纪60年代，1970年以前为该公司技术萌芽期；1971~1984年为GLATT的专利申请的第一次高峰期，其间公司的专利布局主要以欧美地区为主；此后的1999~2010年为该公司专利申请的第二次高峰期，其间除了在欧美地区的专利申请外，GLATT加强了在亚洲地区的专利布局。2011~2019年，GLATT专利申请速度放缓，申请量保持在年均1项。

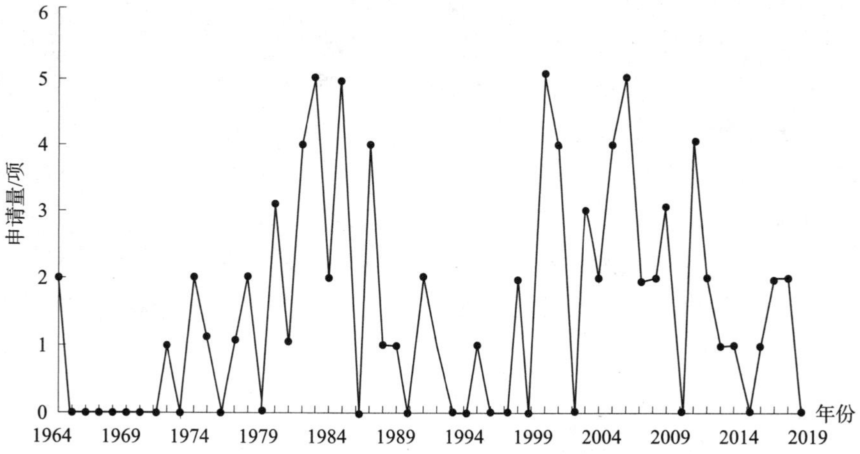

图4-3-1 GLATT制药装备全球专利申请趋势

4.3.2 专利布局

4.3.2.1 地域布局

图4-3-2为GLATT制药装备全球专利申请国/地区布局。德国、美国是GLATT最主要的布局地，日本、印度、中国是该公司市场拓展过程中的三个重要亚洲市场。此外，该公司在英国、瑞士、奥地利等欧洲国家也有少量专利布局。

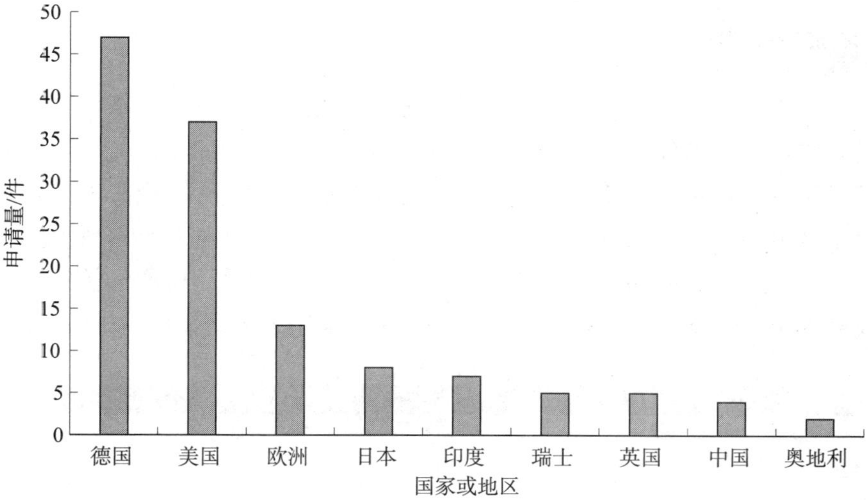

图4－3－2 GLATT制药装备全球专利申请国/地区布局

4.3.2.2 技术构成

图4－3－3为GLATT制药装备全球专利技术构成。从技术构成上来看，制剂成型为GLATT的核心技术领域，专利申请量占其制药装备专利申请总量的62%；其次，GLATT在制剂前处理领域也有较多专利布局，专利申请量占该公司制药装备领域申请总量的37%。

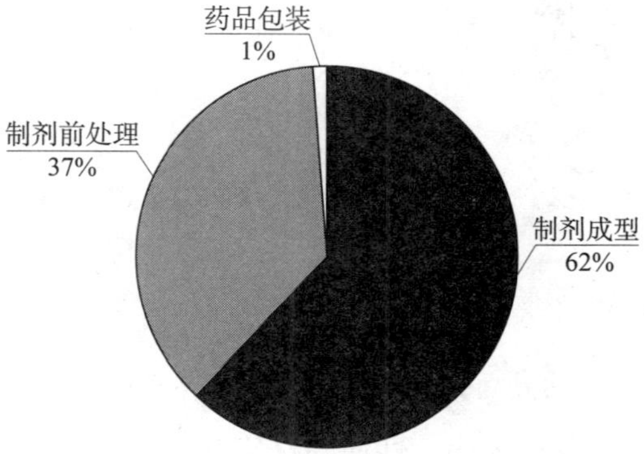

图4－3－3 GLATT制药装备全球专利技术构成

4.3.2.3 在华布局

GLATT在中国申请制药设备相关专利共4件，包括2件制剂成型设备相关专利以及2件干燥设备相关专利，参见表4－3－1。

表4－3－1 GLATT制药装备在华专利申请

序号	申请号	申请日	名称	当前法律状态
1	CN200680017528.3	2006年4月21日	用于涂敷粒状物料的滚筒	授权
2	CN201180042754.8	2011年9月5日	用于干燥植物性材料的方法和装置	权利终止
3	CN201380030026.4	2013年6月6日	用于涂覆或包覆颗粒的装置	授权
4	CN201480019757.3	2014年4月3日	旋转干燥器星形结构和用于处理固体颗粒的方法	实质审查

4.3.3 技术发展路线

图4-3-4为GLATT制药装备全球专利技术发展路线。在制剂成型领域，GLATT主要涉及包衣这一技术分支。自1982年以来，以发明人Maurer Frank、Glatt Werner为代表的研发团队，针对包衣设备进行了改良设计。在制剂前处理领域，GLATT主要涉及干燥这一技术分支。1992年，发明人Jones David Michael研发出新型流化床设备。2007年，发明人Dressler Jochena研发出流化床中产品的测量、监测和控制系统。2011年，以发明人Jacob Michael为代表的技术团队研发了用于干燥植物性材料的设备。

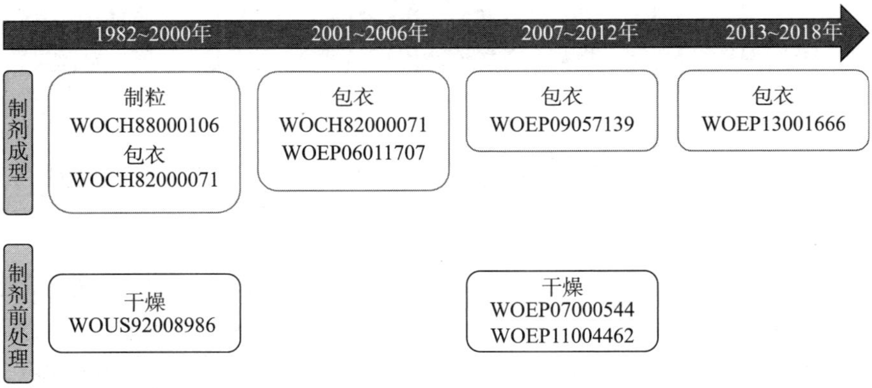

图4-3-4　GLATT制药装备全球专利技术发展路线

4.3.4 重点专利

GLATT的重点专利是课题组综合考虑了同族专利情况、权利要求项数、专利引证情况以及技术代表性而筛选确定的。表4-3-2示出了GLATT制药装备重点专利，它们都通过PCT途径进入了全球多个国家和地区，其中有4项进入了中国。

表4-3-2　GLATT制药装备重点专利

序号	申请号	申请日	名称	简单同族
1	CN201480019757.3	2014年4月3日	旋转干燥器星形结构和用于处理固体颗粒的方法	DE102014004815A1；WO2014161525A2；CN105358244A；EP2981352A2；US20160047599A1；WO2014161525A3；EP2981352B1；EP3075445A1；EP3075445A9；IN2808MUMNP2015A；JP2016519748A；JP6379177B2；US10132565B2

续表

序号	申请号	申请日	名称	简单同族
2	CN201380030026.4	2013年6月6日	用于涂覆或包覆颗粒的装置	CN104349837B；CN104349837A；EP2858742A1；EP2858742B1；US20150144058A1；WO2013182312A1；AR091375A1；DE102012011286A1
3	CN201180042754.8	2011年9月5日	用于干燥植物性材料的方法和装置	WO2012031732A1；CA2810936A1；BRPI1305310A2；EP2614327A1；RU2546390C2；WO2012031732A8；CN103124887A；CN103124887B；DE102010045064A1；DE102010045064B4；IN786KOLNP2013A；RU2013115925A；US20130160319A1
4	CN201280022914.7	2012年5月11日	用于在涡流层设备中连续地处理固体的装置	EP2707127B1；DK2707127T3；CN103608098A；IN9392CHENP2013A；RU2602888C2；WO2012152258A1；CN103608098B；DE102012009280A1；EP2707127A1；JP2014517766A；RU2013155073A
5	US15457010	2017年3月13日	用于在块状材料上施加表面层滚筒涂布机和用于滚筒涂布机中的混合工具	IN201724008666A；US20170266682A1；DE102016003170A1；EP3219383A1；US10105724B2

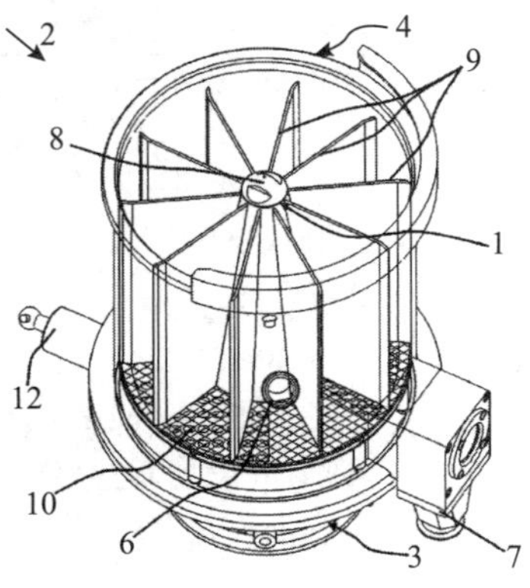

图4-3-5　CN201480019757.3
技术方案示意图

申请号为CN201480019757.3、申请日为2014年4月3日的专利是以德国专利DE102013005920的主题在中国提交并申请优先权的专利。该专利涉及全球同族专利13件。如图4-3-5所示，该专利的技术方案为一种旋转干燥器星形结构（1），具体为用于将涡流腔（4）分成多个处理腔（11），所述干燥器星形结构（1）能旋转地设置并具有分隔壁（9）或类似物，用于沿输送路径输送固体颗粒，其中，在干燥器星形结构（1）的下方，能松开地在干燥器星形结构上设置流入底部（10）。该发明还涉及一种对固体颗粒进行喷洒的方法，用于进行结块、涂覆、成层、喷洒成粒或成丸，其中，固体颗粒在流化设备（2）中的停留时间谱至少具有1∶3的跨度。该发明的有益效果是避免干燥颗粒在处理进程中受到破坏，提高生产率。

申请号为CN201380030026.4、申请日为2013年6月6日的专利是以DE102012011286的主题在中国提交并申请优先权的专利。该专利涉及全球同族专利8件。如图4-3-6所示，该专利的技术方案为用于涂覆或包覆颗粒的装置，该装置具有被可转动驱动地支撑在该装置的滚筒室（1）中并且能够被要涂覆或要包覆的产品填装的滚筒（2）；设置用于将液体施加到位于所述滚筒（2）中的产品上的至少一个喷嘴；至少一个穿过所述滚筒室（1）的室壁的干燥气体入口（5），干燥气体能够通过该干燥气体入口导入所述滚筒室（1）中；和至少一个在外侧靠近所述滚筒（2）的、用于将干燥气体从该装置导出的干燥气体出口（9）。按照该发明的装置的特征在于，在所述至少一个干燥气体入口（5）和所述滚筒（2）之间的流动通路中加入缓冲面（6），该缓冲面限定至少一个穿流开口（7），所述穿流开口的总净开口面积小于所述至少一个干燥气体入口（5）的总净开口面积。通过缓冲面（6）可以实现干燥气体均匀地并且减速地从所述至少一个穿流开口（7）流出，从而有效地避免对产品不均匀地涂覆或者在滚筒室（1）中出现损害功能的附着。该发明可以避免由于干燥气体的不均匀分布或者用于涂覆或包覆的液体而不均匀地在产品上施设涂覆部或包覆部和在该装置中出现损害功能的附着。

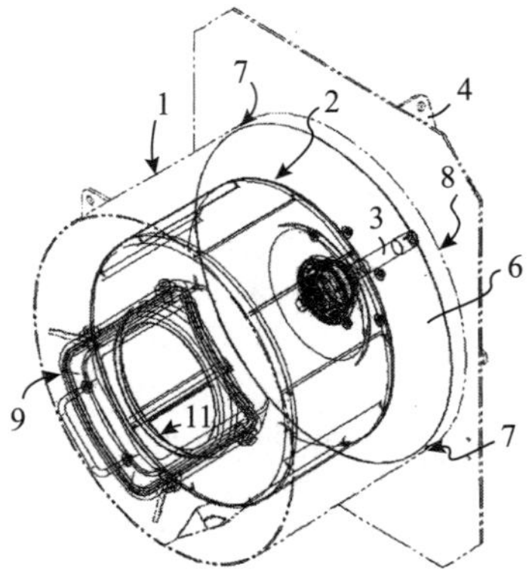

图4-3-6　CN201380030026.4
技术方案示意图

申请号为CN201180042754.8、申请日为2011年9月5日的专利是以德国专利DE102010045064的主题在中国提交并申请优先权的专利。该专利涉及全球同族专利13件。如图4-3-7所示，该专利技术方案为用于通过供应到干燥装置中的干燥气流来干燥植物性材料（19）的方法和相关的装置（1），所述植物性材料例如水果、根茎、植物、草或类似物。根据该发明的方法的特征在于，将待干燥的材料分布在干燥装置（1）的多个叠置的气体可通过的底板（15～17）上，向每个底板供应新鲜的和经调制的干燥气体的一部分（10，11），从而在各个底板上实现待干燥的材料的接近均匀的干燥速度。根据该发明的装置包括多个在干燥装置（1）的处理室（3）中相互叠置的、能够由干燥气体的第一部分（10）流动通过的底板（13，17），该底板分别分成多个部段（12），并且为了供应干燥气体的第二部分（11），在处理室（3）中并在相应的各个底板（16，17）的各部段（12）下方给各部段设置边缘通道（14）、中央通道（13）和横向通道（18）。根据该发明的解决方案的优点在于，通过对干燥气体的引导，能够不必搅动干燥材料，并且使材料干燥均匀充分。

申请号为CN201280022914.7、申请日为2012年5月11日的专利是以德国专利DE102011101866的主题在中国提交并申请优先权的专利。该专利涉及全球同族专利8件。如图4－3－8所示，该专利技术方案为用于在具有圆形处理腔的涡流层设备中连续处理固体的装置，所述涡流层设备具有固体输入口、固体输出口以及与处理腔的内轮廓相匹配的入流底部，在该入流底部下方设置用于产生和保持涡流层的介质入口。该发明在入流底部（1）上设置有分隔壁（2），该分隔壁由处理腔（3、9）内壁（10）径向向内伸入处理腔。固体输入口（5）紧密地靠近分隔壁（2），固体输出口（6）紧密地靠近分隔壁。优选地，在入流底部（1）上沿处理腔（9）的轴线设置排压体（8），所述排压体与分隔壁连接。优点在于，在横截面为圆形的处理腔中在具有扁平的涡流层的同时通过较长的路径实现沿水平方向均匀定向的固体流，利用该装置实现较窄的停留时间谱。

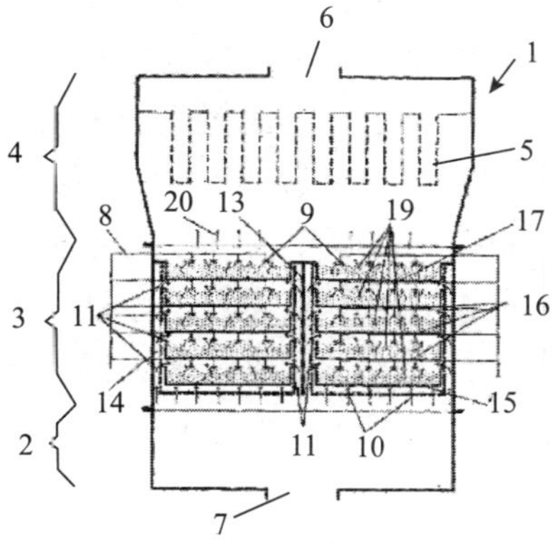

图4－3－7　CN201180042754.8
技术方案示意图

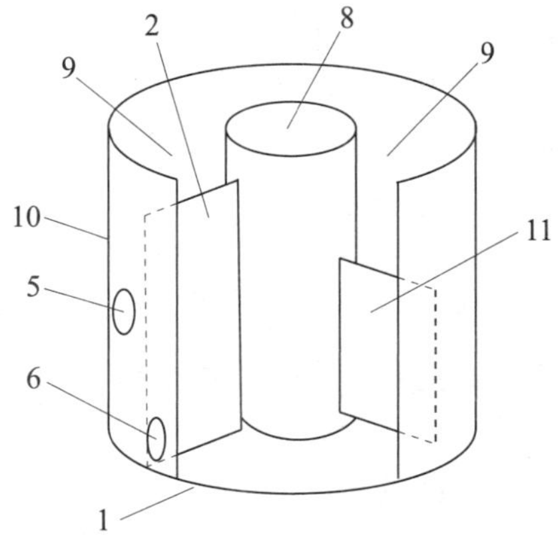

图4－3－8　CN201280022914.7
技术方案示意图

申请号为US15457010、申请日为2017年3月13日的专利是以德国专利DE102016003170的主题在美国提交并申请优先权的专利。该专利涉及全球同族专利5件。如图4－3－9所示，该专利技术方案为一种用于在块状材料上施加表面层的滚筒涂布机，包括可旋转地安装的滚筒，用于容纳块状材料，入口和出口，至少一个用于施加表面材料的喷嘴，滚筒内部的干燥装置，滚筒中的至少第一和第二径向偏移混合工具，第一混合工具突出到滚筒内部。所述至少一个第二混合工具具有至少一个混合表面，使所述第一混合工具至少部分地布置在所述滚筒内表面上，并且所述至少一个第二混合工具在所述至少一个混合表面上具有至少一个开口。

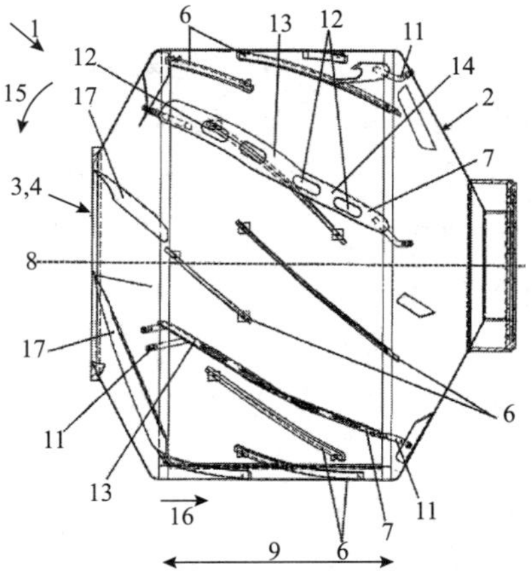

图4-3-9　US15457010 技术方案示意图

4.4　小　　结

德国的博世公司作为成立于19世纪的全球加工和包装技术领域的领先供应商，目前其专利技术及市场已根植于全球。从专利申请趋势来看，2010～2017年呈现逐步增长趋势；从专利地域布局来看，除在欧美地区的布局外，中国、印度等亚洲国家成为其新兴市场拓展区域；从专利技术构成及发展路线来看，其在药品包装领域占据研发优势。多年来，该公司在药品灌装、封装、灌封一体设备方面持续进行技术改进。2010年博世公司在华成立博世包装。该公司在发展期间，持续进行中国专利布局。

对于意大利的IMA，从专利申请趋势来看，2002～2006年为该公司专利集中布局期；从专利地域布局来看，欧洲、美国为该公司最重要的海外市场，印度、中国为该公司在亚洲最重要的海外市场；从专利技术构成来看，该公司在制剂成型设备和药品包装设备领域技术优势显著，其在制剂成型各细分技术领域，如压片、制粒、胶囊填充和包衣相关设备领域都进行了全球专利布局，在药品包装领域的灌装和封装设备方面的技术也有一定优势；从在华专利布局来看，该公司近年来在中国专利申请量较少。

对于德国的GLATT，从专利申请趋势来看，该公司经历了1971～1984年以及1999～2010年两次专利申请高峰期；从专利地域布局来看，德国、美国是该公司最主要的目标市场国，日本、印度、中国是该公司在亚洲地区的主要目标市场国；从专利技术构成来看，该公司专注于制剂成型和制剂前处理领域的技术研发，尤其在包衣设备、干燥设备方面的技术优势明显；从在华专利布局来看，该公司近年来在华专利布局较少，但其在华核心技术专利仍然维持有效。

第5章 国内代表性企业专利分析

结合产业调研信息和国内专利申请人排名分析，课题组筛选出楚天科技、新华医疗和东富龙三家上市企业作为国内中药制药装备领域代表性龙头企业深入分析，针对上述企业的专利申请趋势、布局策略、技术发展路线等维度进行分析，明晰国内企业技术创新现状。

5.1 楚天科技

楚天科技成立于2000年，受益于国家制造产业政策的推动，现已成为中国医药装备行业的龙头企业和中国A股上市公司，产品出口到亚洲、欧洲、南美洲等地的30多个国家和地区，国际市场占有率正逐年快速提升。2017年，楚天科技联合控股股东楚天投资等斥资11亿多元人民币并购了世界著名医药装备企业德国ROMACO集团，为楚天科技进入固体制剂装备领域以及发展成为全球医药装备领军企业奠定了基础。

5.1.1 申请趋势

图5-1-1为楚天科技中药制药装备全球专利申请趋势。由该图可以看出，楚天科技全球专利申请始于2002年。2002~2007年楚天科技中药制药装备年专利申请量较少，均未超过20项。从2008年开始，楚天科技中药制药装备的年专利申请量开始上升，2008~2013年的专利申请平均增长率为66.47%。2013年以后，随着国家制药行

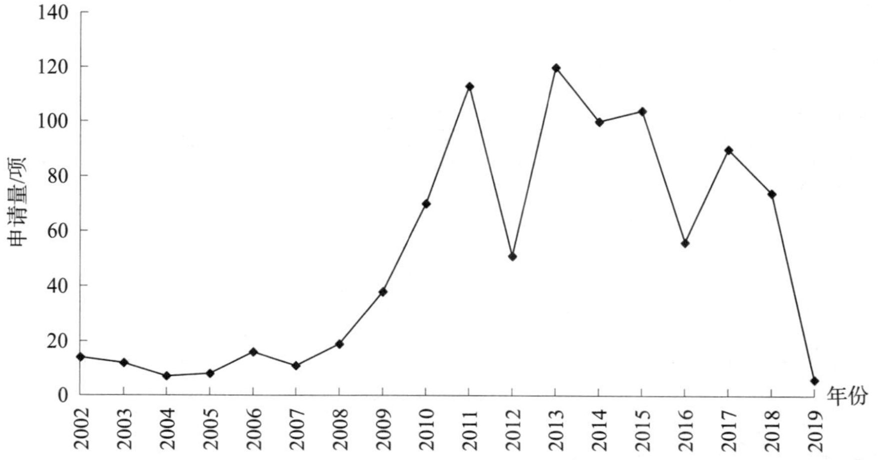

图5-1-1 楚天科技中药制药装备全球专利申请趋势

业新版GMP认证高峰结束，中药制药装备市场需求有所下降，楚天科技中药制药装备研究人员数量有所降低，其专利申请量呈现波动下降趋势，2014～2017年年专利申请量平均增长率为0.48%。

5.1.2 专利布局

5.1.2.1 地域布局

图5－1－2为楚天科技中药制药装备全球专利申请国/地区分布。由该图可以看出，楚天科技中药制药装备专利申请面向中国、印度、美国、欧洲、韩国和俄罗斯，但其更重视本国市场，中药制药装备专利申请基本上仅在中国布局，仅1.6%的专利进行了海外布局。由此反映出楚天科技海外专利布局薄弱、市场影响力较低。

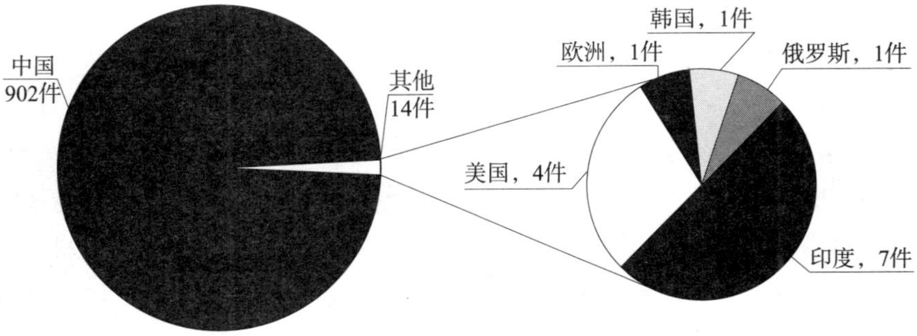

图5－1－2 楚天科技中药制药装备全球专利申请国/地区分布

5.1.2.2 专利申请类型及法律状态

表5－1－1为楚天科技中药制药装备专利申请类型及法律状态。可以看出，楚天科技的中药制药装备专利申请中，发明277项，实用新型632项，分别占专利申请总量的30%和70%。发明专利申请中有效专利135项，在审专利申请70项，分别占总发明专利的49%、25%；实用新型中有效专利449项，占实用新型总量的71%。由此可以看出，楚天科技具有较强的知识产权意识，正积极开展中药制药装备领域技术布局，有效发明专利和实用新型专利占比高，但其发明专利储备量及技术创新程度仍待提高。

表5－1－1 楚天科技中药制药装备专利申请类型及法律状态 单位：项

专利申请类型	有效	失效	审查中	总计
发明	135	72	70	277
实用新型	449	183	0	632
总计	584	255	70	909

5.1.2.3 技术构成

图5－1－3为楚天科技中药制药装备专利技术构成占比。可以看出，楚天科技在中药制药装备领域的药品包装设备、制剂前处理设备、灭菌设备、制药用水生产设备

和制剂成型设备这5个技术分支上有专利布局。其中，药品包装设备专利申请量最多，为571项，占比为62%，与楚天科技主营业务相互印证；其次是制剂前处理设备，专利申请量为182项，占比20%；紧接着是灭菌设备，专利申请量为151项，占比为16%；制药用水生产设备及制剂成型设备领域专利申请量较少，依次为3项、2项，属技术研发实力较弱领域。

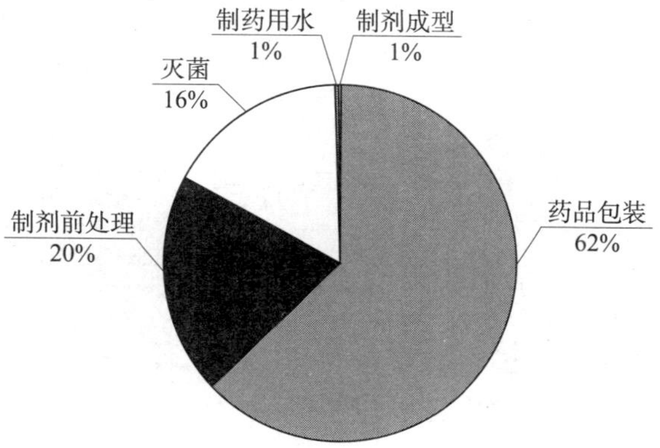

图5-1-3 楚天科技中药制药装备全球专利技术构成占比

表5-1-2为楚天科技中药制药装备一级分支全球专利历年申请量分布。由该表可以看出，楚天科技不仅在药品包装设备技术分支的专利申请量最多，在该技术分支的专利布局起步也最早；2002~2013年专利申请量呈现波动增长态势，其中2013年的专利申请量为77项；自进入2013年后，专利申请量呈现下降趋势。楚天科技从2004年开始就有制剂前处理设备技术分支专利申请，但在2005~2008年没有申请该分支专利，2011年开始专利申请量呈现明显的增长趋势。楚天科技在灭菌设备技术分支也布局了一定量的专利申请，但在该技术分支起步较晚。

表5-1-2 楚天科技中药制药装备一级分支全球专利历年申请量分布 单位：项

年份	药品包装设备	制剂前处理设备	灭菌设备	制药用水生产设备	制剂成型设备
2002	14	0	0	0	0
2003	12	0	0	0	0
2004	6	1	0	0	0
2005	8	0	0	0	0
2006	16	0	0	0	0
2007	11	0	0	0	0
2008	19	0	0	0	0
2009	26	5	7	0	0
2010	42	1	25	2	0
2011	69	17	27	0	0

续表

年份	药品包装设备	制剂前处理设备	灭菌设备	制药用水生产设备	制剂成型设备
2012	28	19	4	0	0
2013	77	39	4	0	0
2014	52	32	15	1	0
2015	53	36	15	0	0
2016	30	7	19	0	0
2017	53	13	24	0	0
2018	50	11	11	0	2
2019	5	1	0	0	0

图5-1-4为楚天科技药品包装设备和制剂前处理设备二级分支技术构成。在药品包装设备技术分支，楚天科技作为以包装机械为主营业务的企业，专利申请集中于灌装、封装、灌封一体机领域，也就是其药品包装核心技术领域；外包装作为其药品包装的外围技术领域，专利申请较少，仅29项。在制剂前处理设备技术分支，其专利申请高度集中于干燥设备（178项），干燥设备专利申请量占其该技术分支申请总量的98%，技术优势明显；进一步对干燥设备专利技术构成分析发现，楚天科技干燥设备专利申请以冷冻干燥设备为主（152项），占其干燥设备申请的85%。

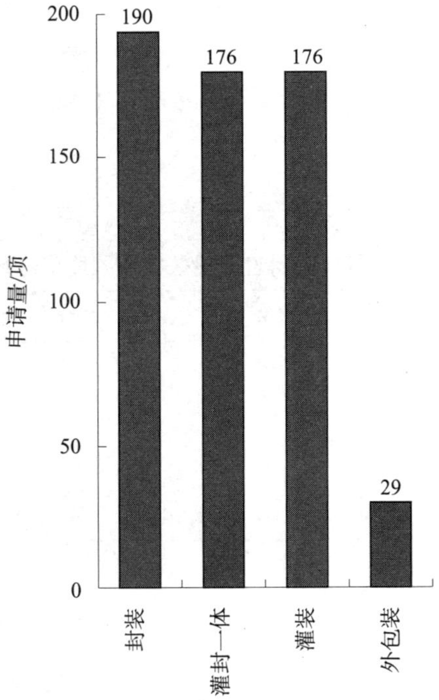

（a）药品包装设备

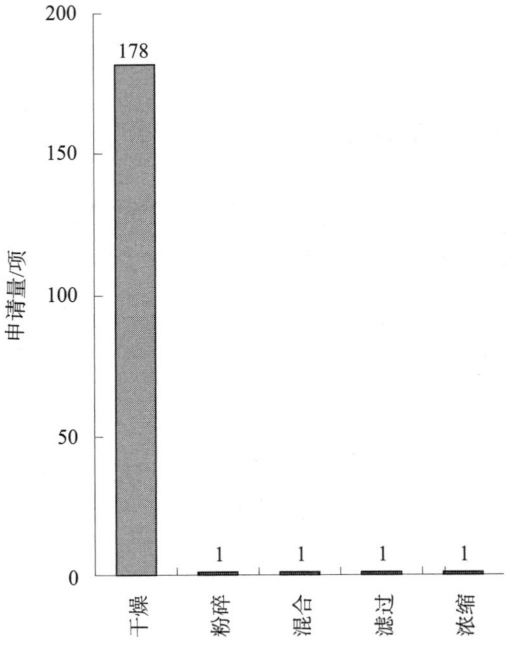

（b）制剂前处理设备

图5-1-4 楚天科技药品包装设备和制剂前处理设备二级分支技术构成

5.1.3 技术发展路线

药品包装设备、冷冻干燥设备和灭菌设备三个技术分支为楚天科技的优势技术分支。在此对上述三个分支的技术发展路线进行分析。

5.1.3.1 药品包装设备

图5-1-5为楚天科技药品包装设备专利技术发展路线。由该图可以看出，楚天科技核心技术领域灌装、封装、灌封一体机的专利布局起步均较早，呈现同步发展态势；灌装设备技术分支，最先发展的是灌装机的灌装机构和液体灌装机，顺应了国家标准化管理委员会2018年发布的《制药机械（设备）在位清洗、灭菌通用技术要求》（GB/T 36030—2018）相关规定，集成灌装机的在线清洁灭菌系统，实现灌装机在原安装位置不拆卸、不移动地进行清洁和灭菌；在封装设备技术分支，其专利申请主要集中在加塞机、泡罩包装机、轧盖机构、压塞机；在灌封一体机技术分支，目前偏重于洗烘灌封联动线的集成。在完成药品包装设备核心领域灌装、封装、灌封一体机的专利布局后，楚天科技2015年开始对外包装设备进行专利布局，专利申请包括装盒机、装箱机、装盒机相关部件和装箱机相关部件。

5.1.3.2 冷冻干燥设备

图5-1-6为楚天科技冷冻干燥设备专利技术路线。由该图可以看出，楚天科技在2011~2012年主要围绕冷冻干燥设备的进出料系统和瓶系统进行专利布局；在2013~2014年，开始围绕冷冻干燥设备的制冷系统和板层结构进行专利布局，并研制出了新一代复式结构冻干机；2015~2016年开始对冷冻干燥设备的在线清洗系统进行专利布局；2017~2018年对冷冻干燥设备的CIP/SIP管道连接结构、板层温度控制系统等技术进行专利布局。

5.1.3.3 灭菌设备

图5-1-7为楚天科技灭菌设备专利技术路线。由该图可以看出，其灭菌设备专利申请围绕灭菌干燥集成设备、在线灭菌设备、灭菌柜和灭菌物流系统四大方面进行布局。其中，灭菌干燥集成设备是其布局重点，其主要对灭菌干燥集成设备的排风系统、灭菌烘箱、冷却箱等进行布局，目前已开发出KSZ系列隧道式灭菌干燥机产品并投入市场；2011年开始对中药制药装备的在线灭菌设备进行专利申请；2015年开始对灭菌柜和灭菌物流线进行专利布局，目前已开发出干热灭菌柜、水浴灭菌柜、脉动真空蒸汽灭菌柜和机器人灭菌物流系统，并投入市场。

5.1.4 重点专利

进一步地，对楚天科技在药品包装设备、冷冻干燥设备和灭菌设备三个优势技术分支中的重点专利进行筛选和分析。综合考虑专利的被引用频次、法律状态和权利要求数量三个指标，筛选重点专利。

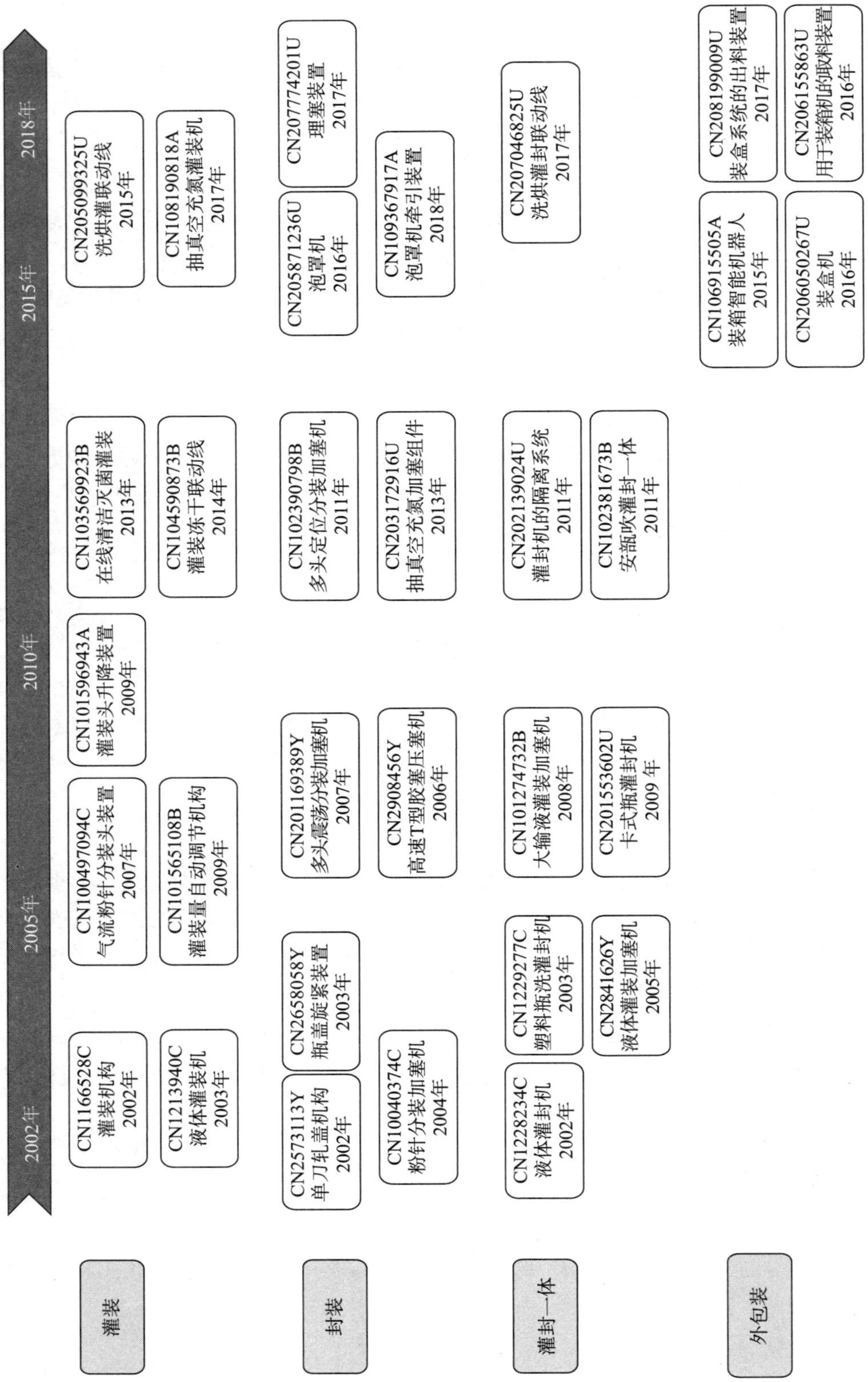

图 5-1-5　楚天科技药品包装设备专利技术发展路线

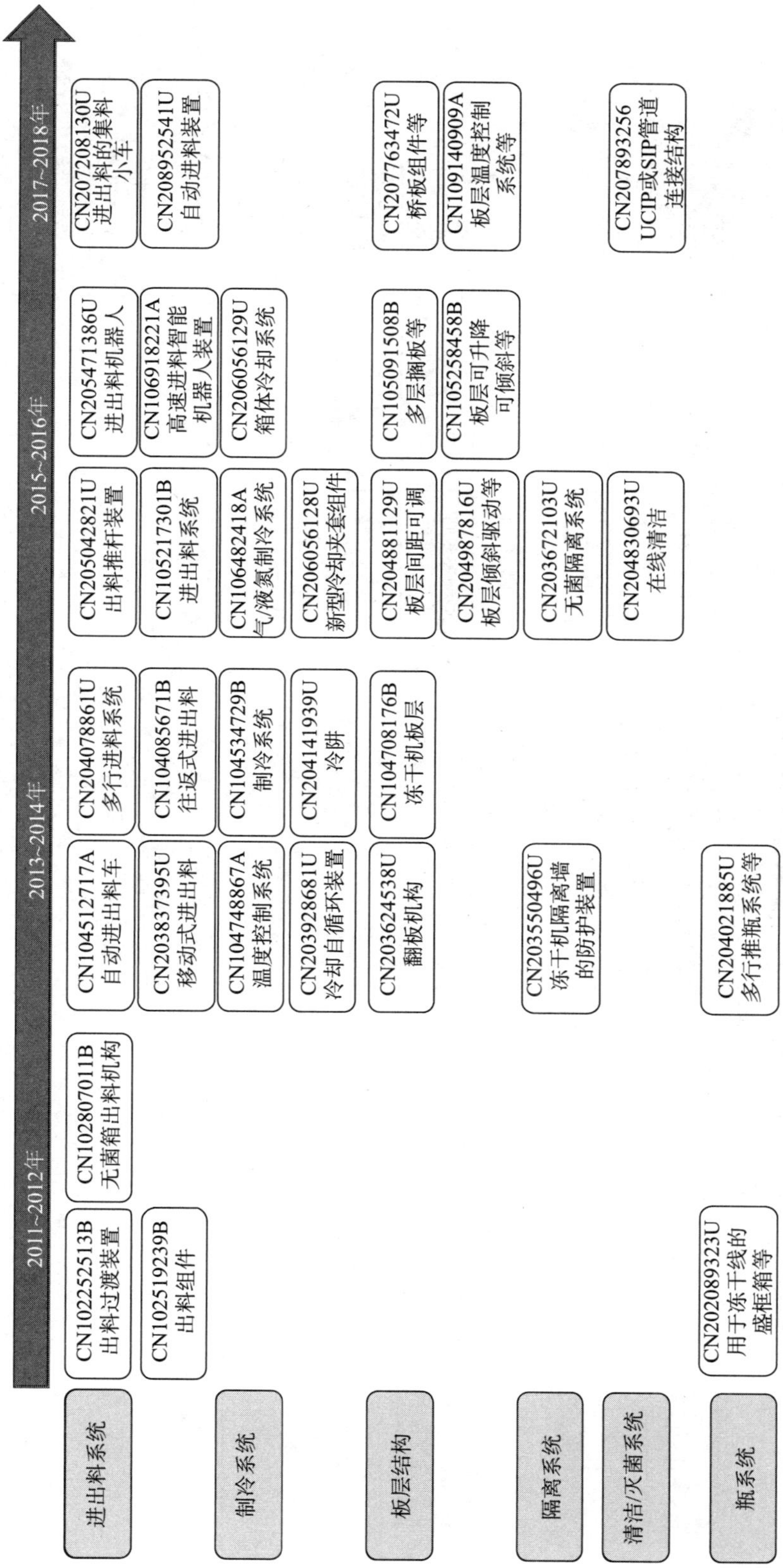

图5-1-6 楚天科技冷冻干燥设备专利技术路线

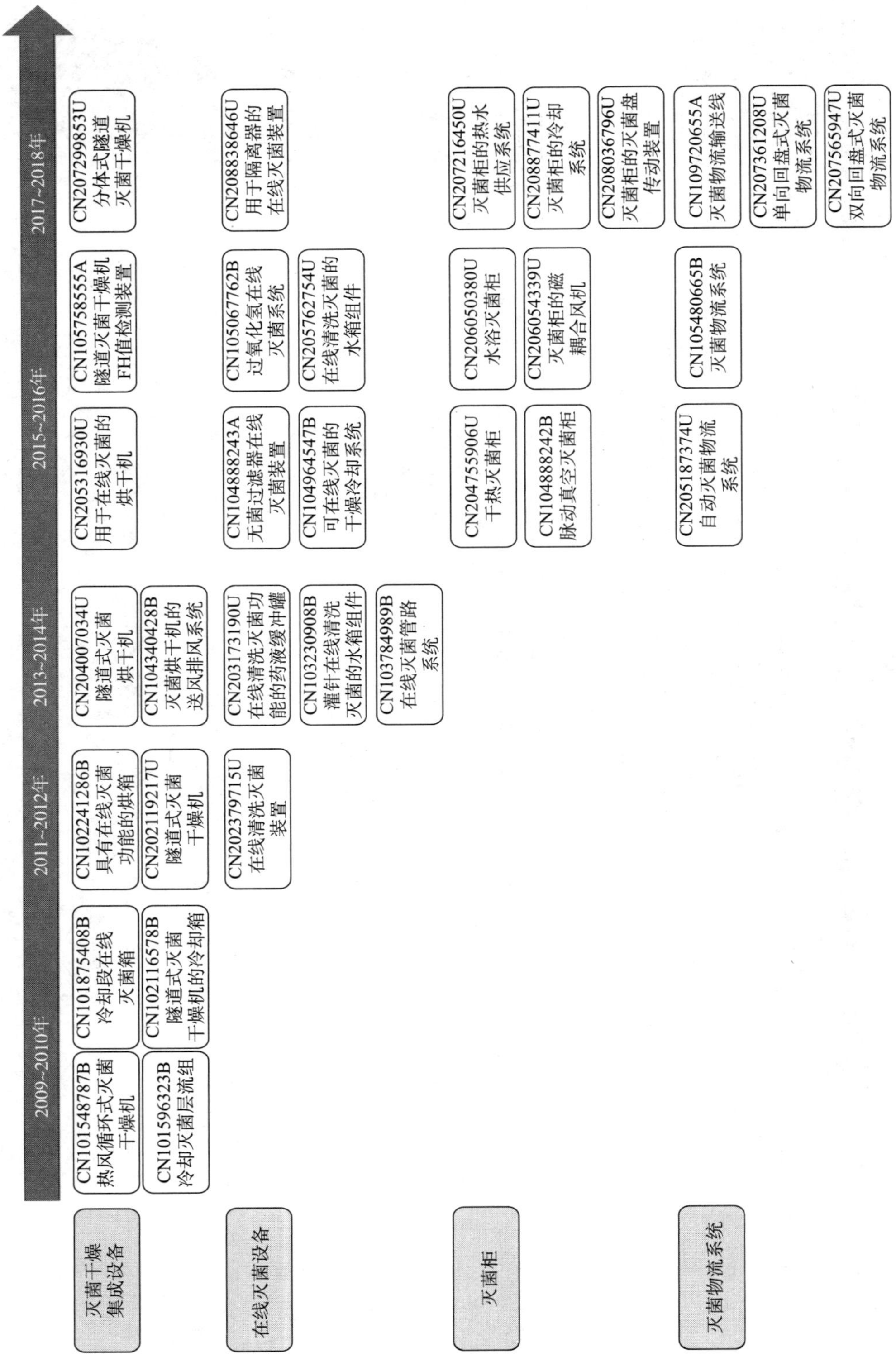

图5-1-7 楚天科技灭菌设备专利技术路线

5.1.4.1 药品包装设备

楚天科技药品包装设备领域重点专利如表5-1-3所示。

表5-1-3 楚天科技药品包装设备领域重点专利

序号	公开号	名称	申请日
1	CN1213940C	一种新型液体灌装机	2005年8月10日
2	CN202400811U	一种灌装机	2011年12月5日
3	CN203172916U	一种抽真空充氮加塞组件	2013年4月16日
4	CN104723536B	一种塑料瓶排吹灌封设备	2013年12月19日
5	CN203728551U	一种用于灌装的自动进液装置	2013年12月27日
6	CN205045798U	一种具有清洗灭菌功能的灌装系统	2015年9月14日
7	CN205275181U	一种灌装机和灌装封口机	2015年12月23日
8	CN205313054U	一种预灌封注射器灌装机	2015年12月31日
9	CN206051523U	一种用于吹灌封一体机的灌装工位底模装置	2016年8月31日

➢ 公开号：CN1213940C

申请日：2005年8月10日

专利名称：一种新型液体灌装机

技术方案：一种新型液体灌装机，包括瓶子传送机构和液体灌注机构部分，其中液体灌注机构包括液位恒定部分和定量灌注部分，这样不仅可以保证储液槽内的液体的液位恒定，而且可以通过编程控制器控制实现定量灌注，同时，使灌注部分与瓶子传送机构灌注拨轮同步转动，实现转动过程中的连续灌注。

➢ 公开号：CN202400811U

申请日：2011年12月5日

专利名称：一种灌装机

技术方案：一种灌装机，包括进瓶组件、输瓶组件、机架组件、灌装组件以及出瓶组件，进瓶组件、出瓶组件和机架组件分别通过各自的支撑部件安装在地面上，输瓶组件与机架组件呈并排状安装并在两者之间留有一段距离，输瓶组件通过一根以上的支撑梁支承连接于机架组件上。

➢ 公开号：CN203172916U

申请日：2013年4月16日

专利名称：一种抽真空充氮加塞组件

技术方案：一种抽真空充氮加塞组件，包括转盘、抽真空管路和充氮气管路，转盘上沿转盘圆周方向设置有多个与抽真空管路和充氮气管路相连的加塞部件，还包括气液清洗/消毒进入管路和气液清洗/消毒排出管路，气液清洗/消毒进入管路与抽真空管路和充氮气管路相连接，气液清洗/消毒排出管路在清洗/消毒时与加塞部件的套瓶口相连接。

➢ 公开号：CN104723536B

申请日：2013年12月19日

专利名称：一种塑料瓶排吹灌封设备

技术方案：一种塑料瓶排吹灌封设备，包括吹灌喷嘴、型坯挤出装置和位于型坯挤出装置下方的模具装置，所述型坯挤出装置包括两个呈相对状布置的挤出头，每个挤出头的底部设有一个用于向模具装置挤出片状型坯的片状挤出口，所述吹灌喷嘴可上下移动地设于两个挤出头之间并可伸入两个挤出头挤出的片状型坯之间。

➢ 公开号：CN203728551U

申请日：2013 年 12 月 27 日

专利名称：一种用于灌装的自动进液装置

技术方案：一种用于灌装的自动进液装置，包括控制单元以及依次相连的配液罐、输液泵和储液罐，所述储液罐与灌装机上的灌装泵相连通，所述配液罐经输液泵、进液管路与储液罐连通，所述储液罐的下方设置有称重组件，所述储液罐的进液管路上设置有用于控制进液流量大小的开关组件，所述称重组件与开关组件均与控制单元相连；所述称重组件对储液罐的重量进行称重并将重量信号发送给控制单元，所述控制单元根据重量信号控制所述开关组件的开关大小。

➢ 公开号：CN205045798U

申请日：2015 年 9 月 14 日

专利名称：一种具有清洗灭菌功能的灌装系统

技术方案：一种具有清洗灭菌功能的灌装系统，包括灌装泵组以及驱动组件，所述灌装泵组包括多个灌装泵，所述灌装泵包括外套组件和内杆组件，所述外套组件套装在所述内杆组件上，所述外套组件在所述驱动组件的驱动下在所述内杆组件上做往复直线运动，还包括检测单元，用于对外套组件的实时直线运动距离进行检测；控制单元，用于接收检测单元的实时直线运动距离信号后，与预设的距离阈值相比较，并根据比较结果控制所述驱动组件的启停；所述检测单元以及驱动组件均与所述控制单元相连。

➢ 公开号：CN205275181U

申请日：2015 年 12 月 23 日

专利名称：一种灌装机和灌装封口机

技术方案：一种灌装机和灌装封口机，包括机架、依次并列布置的进瓶轨道、灌装工位、出瓶轨道，进瓶轨道远离灌装工位的一侧设有用于将进瓶轨道的瓶子整排送入灌装工位上并使灌装工位的瓶子整排进入出瓶轨道的推瓶装置。灌装封口机包括封口工位和上述灌装机。通过设置在进瓶轨道外侧的推瓶装置，将进瓶轨道上待灌装瓶子整排推入灌装工位，在灌装的同时，进瓶轨道再次布满了相应的待灌装瓶子；待灌装结束，推瓶装置再次将待灌装瓶子从进瓶轨道推送到灌装工位，灌装工位上的已灌装好的瓶子被待灌装瓶子挤送至出瓶轨道上，由出瓶轨道输出到封口工位。该装置实现了连续灌装，提高了生产效率，结构小巧、紧凑，减少了整机的占地面积。

➢ 公开号：CN205313054U

申请日：2015 年 12 月 31 日

专利名称：一种预灌封注射器灌装机

技术方案：一种预灌封注射器灌装机，包括拆外包区、拆内包区、灌装加塞区、胶塞缓冲区和输送带，所述输送带穿设于所述拆外包区和拆内包区之间，所述灌装加塞区紧邻所述拆内包区设置，所述拆内包区内设有第一转运装置，所述灌装加塞区内设有第二转运装置，所述灌装加塞区与所述拆内包区之间设有物料交接口，所述第一转运装置可在所述物料交接口处与第二转运装置对接并在所述物料交接口与所述输送带之间转运物料，所述第二转运装置可在所述物料交接口处与第一转运装置对接并在所述灌装加塞区内转运物料。

➢ 公开号：CN206051523U

申请日：2016 年 8 月 31 日

专利名称：一种用于吹灌封一体机的灌装工位底模装置

技术方案：一种用于吹灌封一体机的灌装工位底模装置，该装置包括底模具和底模针，所述底模具与底模驱动部件的驱动端相连，在所述底模驱动部件的驱动下运动；所述底模针与底模针驱动部件的驱动端相连，在所述底模针驱动部件的驱动下运动。

5.1.4.2　冷冻干燥设备

楚天科技冷冻干燥设备领域重点专利如表 5－1－4 所示。

表 5－1－4　楚天科技冷冻干燥设备领域重点专利

序号	公开号	名称	申请日
1	CN202686854U	无菌箱出料机构及冻干箱装置	2012 年 8 月 17 日
2	CN203053203U	一种冻干机	2013 年 1 月 31 日
3	CN203568416U	冻干机自动进出料的出料控制系统	2013 年 10 月 12 日
4	CN203758626U	用于自动进料冻干机的温度监控装置	2013 年 12 月 27 日
5	CN204141938U	一种冻干机	2014 年 8 月 1 日
6	CN204535359U	一种驱动装置及冻干机	2014 年 12 月 30 日
7	CN204830693U	一种具有清洗功能的冻干箱	2015 年 6 月 17 日

➢ 公开号：CN202686854U

申请日：2012 年 8 月 17 日

专利名称：无菌箱出料机构及冻干箱装置

技术方案：一种无菌箱出料机构，包括推杆和套管组件，套管组件密封连接于无菌箱的开口处并通过开口与无菌箱内部连通，推杆穿设于套管组件中并由开口伸入无菌箱，推杆伸入无菌箱中的一端连接有推料板，推料板与套管组件之间密封连接一套设于推杆上的波纹管，套管组件远离无菌箱的一端固定连接一套设于推杆上的后座，套管组件与后座之间设有套设于推杆上并可在充气膨胀后与套管组件、后座和推杆压紧配合形成密封的充气密封组件。一种冻干箱装置，包括无菌箱，无菌箱上连接有上述的无菌箱出料机构。

➢ 公开号：CN203053203U

申请日：2013 年 1 月 31 日

专利名称：一种冻干机

技术方案：一种冻干机，包括冻干箱和进出瓶部件，冻干箱内设有可升降的板层组，板层组包括多块用于放置瓶子的冻干板层，进出瓶部件包括驱动机构、由驱动机构带动在冻干板层两侧做往复直线运动的推拉杆以及用于推瓶进瓶和拉瓶出瓶的推拉件，推拉件通过一离合结构实现与推拉杆的连接与分离。

➢ 公开号：CN203568416U

申请日：2013 年 10 月 12 日

专利名称：冻干机自动进出料的出料控制系统

技术方案：一种冻干机自动进出料的出料控制系统，包括控制组件和安装在传送网带上的一个以上的堵瓶检测组件，所述堵瓶检测组件检测传送网带上是否堵瓶并将检测信号传递给控制组件，所述控制组件根据检测信号来控制冻干机中推瓶组件的动作。该实用新型的出料控制系统具有结构简单、防止下游瓶子堵塞或暂停而造成较大规模碎瓶的优点。该实用新型还公开了一种冻干机自动进出料的出料系统，包括如上所述的出料控制系统与推瓶组件，所述推瓶组件为连续推瓶执行件，当所述堵瓶检测组件的检测信号为非堵瓶状态时，所述推瓶组件保持连续推瓶状态。

➢ 公开号：CN203758626U

申请日：2013 年 12 月 27 日

专利名称：用于自动进料冻干机的温度监控装置

技术方案：一种用于自动进料冻干机的温度监控装置，该装置包括一组以上温度采集探头和终端部件，所述终端部件位于冻干机的搁板上并随冻干瓶一起运动，所述温度采集探头放置于冻干瓶内并用来监控冻干制品的温度，所述温度采集探头将采集到的温度信号发送给终端部件。

➢ 公开号：CN204141938U

申请日：2014 年 8 月 1 日

专利名称：一种冻干机

技术方案：一种冻干机，包括冻干腔及设于冻干腔下方的冷阱腔，所述冻干腔内设有支板及设于支板上方沿竖直方向布置的多个冻干板层，所述支板连接有设于冷阱腔内用于带动支板和冻干板层升降的升降驱动件，所述各冻干板层均设有板层限位组件，所述板层限位组件包括限位凸台及与限位凸台位置配合的支耳，所述支耳设于对应冻干板层上，所述各限位凸台沿竖直方向错开布置。

➢ 公开号：CN204535359U

申请日：2014 年 12 月 30 日

专利名称：一种驱动装置及冻干机

技术方案：一种驱动装置及冻干机，驱动装置包括推动板、与推动板推动配合的传动杆及与推动板驱动连接的驱动件，所述传动杆滑设于一安装板上，所述传动杆的一端与驱动对象连接，所述传动杆在推动板的推动下带动驱动对象运动。冻干机包括冻干腔体、设于冻干腔体内沿竖直方向布置的多个冻干板层及驱动各冻干板层升降的升降驱动件，还包括上述所述的驱动装置，所述驱动对象为所述冻干板层，所述传动杆与位于顶层的所述冻干板层的一端部铰接；所述安装板位于顶层的所述冻干板层的上方，且随升降驱动件升降。

➢ 公开号：CN204830693U

申请日：2015 年 6 月 17 日

专利名称：一种具有清洗功能的冻干箱

技术方案：一种具有清洗功能的冻干箱，包括冻干箱体，所述冻干箱体一侧凸设有用于冻干箱体进料的进料腔体，所述进料腔体内设有与冻干板层对接输瓶的进料板桥，还包括用于对进料板桥上下表面及进料腔体进行喷水冲洗的清洗喷嘴部件，所述清洗喷嘴部件包括分设于进料板桥上下面的上清洗管组件及下清洗管组件。

5.1.4.3 灭菌设备

楚天科技灭菌设备领域重点专利如表 5－1－5 所示。

表 5－1－5 楚天科技灭菌设备领域重点专利

序号	公开号	名称	申请日
1	CN101548787B	用于热风循环式灭菌干燥机加热腔体内的均流装置	2009 年 2 月 20 日
2	CN205441061U	一种灭菌物流系统	2015 年 12 月 25 日
3	CN206050380U	托瓶盘、托盘装置以及水浴灭菌柜	2016 年 6 月 16 日
4	CN206056186U	隧道式灭菌干燥机	2016 年 8 月 25 日

➢ 公开号：CN101548787B

申请日：2009 年 2 月 20 日

专利名称：用于热风循环式灭菌干燥机加热腔体内的均流装置

技术方案：一种用于热风循环式灭菌干燥机加热腔体内的均流装置，它包括均流板、控流板以及布置于热风机和干燥机过滤器之间的散流风罩，所述均流板装设于过滤器的下方，控流板装设于工作对象物的下方；所述散流风罩包括散流框、与热风机出风口相连的风罩以及布置于过滤器进风端的散流板，所述风罩的出风端与散流框的进风端相连，散流框的出风端与散流板相连，所述散流框由数块分隔板纵横交错排列组合而成，通过交错排列的分隔板在散流框的进风端面上形成数个进风孔，并在散流框的出风端面上形成数个出风孔。

➢ 公开号：CN205441061U

申请日：2015 年 12 月 25 日

专利名称：一种灭菌物流系统

技术方案：一种灭菌物流系统，包括装盘工位、灭菌工位和卸盘工位，装盘工位和卸盘工位均通过换向装置与灭菌工位相连，装盘工位和卸盘工位之间连有输送辊道，装盘工位和卸盘工位均包括抓盘机构，抓盘机构包括机架、平移组件以及至少一组升降组件，平移组件装设于机架上，各升降组件装设于平移组件上，各升降组件均设有抓盘组件。该物流系统具有结构简单、布局合理、成本低廉、占用空间小的优点。

➢ 公开号：CN206050380U

申请日：2016 年 6 月 16 日

专利名称：托瓶盘、托盘装置以及水浴灭菌柜

技术方案：一种托瓶盘、托盘装置以及水浴灭菌柜。托瓶盘包括盘体和用于放置瓶体的网孔板，网孔板呈倾斜式装设在盘体上。托盘装置包括多个上述的托瓶盘，各托瓶盘的盘体由下至上依次叠堆放置且下位盘体的定位部件与其相邻上位盘体的定位孔套接。水浴灭菌柜包括柜体和上述的托盘装置，托盘装置位于柜体内，柜体内设有喷淋组件，喷淋组件围设在托盘装置的侧部和顶部，位于侧部的喷淋组件伸至各盘体的喷淋凹进内。具有结构简单可靠、可提高灭菌效果的优点。

➢ 公开号：CN206056186U

申请日：2016 年 8 月 25 日

专利名称：隧道式灭菌干燥机

技术方案：一种隧道式灭菌干燥机，灭菌干燥机包括依次布置并相连的预热段、加热段和冷却段，加热段进瓶位置的底部与预热段之间连接有用于将加热段热风导入预热段的除湿导风组件。

5.1.5 合作研发

两个创新主体之间的合作研发，有利于创新主体之间的技术交流，提升创新主体的技术创新力，增强原始性创新、集成创新、引进消化吸收再创新能力。对楚天科技合作研发情况进行分析发现，楚天科技申请的 909 项中药制药装备专利申请中，仅 1 项存在外部合作研发情况。该专利申请日为 2005 年 2 月 3 日，申请号为 CN200520050252.1，专利名称为“防跳塞装置”，联合申请人为扬子江药业集团有限公司，法律状态为专利有效期届满。该实用新型针对现有的大输液制剂应 GMP 需要，须由 T 型丁基胶塞密封，由于塞胶塞时，胶塞会对瓶内气体进行预压缩，导致瓶内气体压力大于大气压，形成对胶塞的反推作用，如果反推力足够大，则已塞入瓶口的胶塞就会跳出瓶口使加塞失败的现象，提供一种安装在压塞机构上能够防止由于瓶子内的内压力过大致使瓶塞跳出的防跳塞装置。图 5－1－8 展示了专利“CN200520050252.1 防跳塞装置”权利要求书。

200520050252.1　　**权 利 要 求 书**　　第1/1页

1. 一种防跳塞装置，其特征在于：该防跳塞装置包括一筒体(5)，筒体(5)通过一连接轴(6)与机架(7)相连，筒体(5)的顶端设有一排气轮(8)；所述排气轮(8)沿着径向向外延伸形成挤塞部(9)和压塞部(10)，压塞部(10)位于挤塞部(9)的上方且向外延伸部分大于挤塞部(9)。

图 5－1－8 专利“CN200520050252.1 防跳塞装置”权利要求书

5.2　新华医疗

新华医疗成立于1943年，目前是中国医疗器械行业协会会长单位，消毒供应设备专业委员会理事长、秘书长单位，放射治疗设备产业技术创新联盟理事长单位，国家消毒灭菌设备研制中心。新华医疗以医疗器械及装备、中药制药装备、医疗服务为主要业务板块，其中，中药制药装备板块由生物制药工程技术中心、特种输液工程技术中心、中药制剂工程技术中心、固体制剂工程技术中心四大工程技术中心组成，集中药制药装备研发、制造及销售为一体。新华医疗的消毒供应中心整体解决方案、中药制药装备系列整体解决方案、放射诊疗整体解决方案的产量、质量和市场占有率在国内位居前列。

5.2.1　申请趋势

图5－2－1为新华医疗中药制药装备全球专利申请趋势。由该图可知，新华医疗全球专利申请始于1999年，1999～2005年的年专利申请量较少，都未超过10项。2006年，新华医疗中药制药装备专利申请呈现猛增态势。造成这一现象的原因之一为该公司投资的PSM水浴灭菌设备技术改造项目和台式自动真空灭菌器技术改造项目于该年完成，产生了一定量的技术创新成果；另一原因为该公司2005年在A股上市，增强了相关研究人员创新积极性。2007～2015年，新华医疗中药制药装备专利申请呈现波动增长趋势，年专利申请量平均增长率为32.52%。自进入2016年起，受中药制药装备业务板块新版GMP认证结束、厂房搬迁、市场竞争激烈等综合因素的影响，新华医疗中药制药装备专利申请量呈下降趋势。

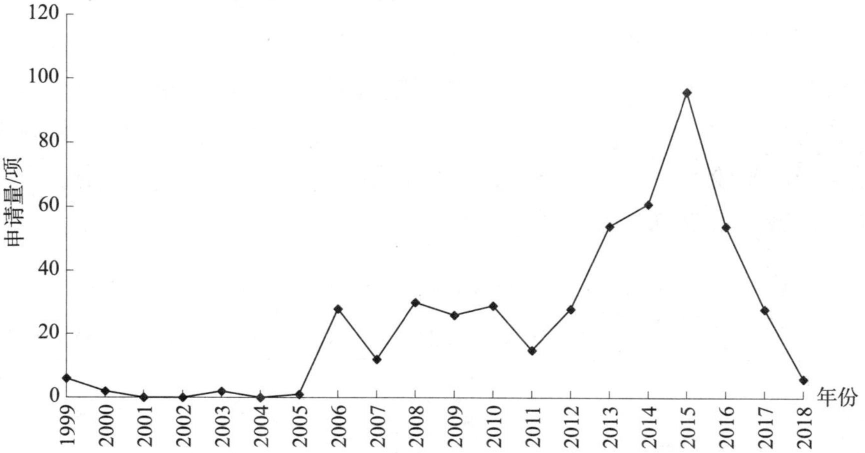

图5－2－1　新华医疗中药制药装备全球专利申请趋势

5.2.2　专利布局

5.2.2.1　专利申请类型及法律状态

表5－2－1为新华医疗中药制药装备专利申请类型及法律状态。从该表可以看出，

新华医疗的中药制药装备专利申请中，发明95项，实用新型383项，分别占专利申请总量的20%和80%。发明中有效专利45项，在审专利申请共19项，分别占发明专利申请总量的47%、20%；实用新型中有效专利234项，占实用新型申请总量的61%。

表5-2-1　新华医疗中药制药装备专利申请类型及法律状态　　单位：项

专利类型	有效	失效	审查中	总计
发明	45	31	19	95
实用新型	234	149	0	383
总计	279	180	19	478

5.2.2.2　技术构成

图5-2-2展示了新华医疗中药制药装备专利技术构成占比。从该图可以看出，新华医疗的专利申请主要集中在灭菌设备和药品包装两个技术领域，专利申请占比分别为45%和43%。此外，其在制剂前处理和制药用水生产设备技术领域也布局了一定量的专利，但制药用水生产设备专利申请占比非常低，属于新华医疗中药制药装备技术布局的外围领域。

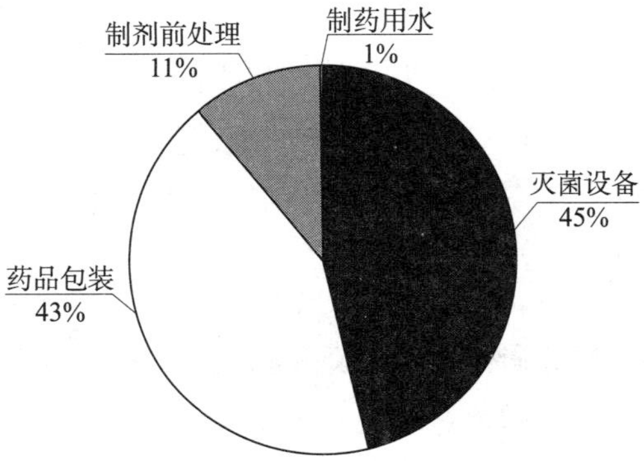

图5-2-2　新华医疗中药制药装备专利技术构成占比

表5-2-2为新华医疗中药制药装备一级分支全球专利历年申请量分布。由该表可知，新华医疗早在1999年就开始申请灭菌设备专利，但2007年及之前灭菌设备专利申请量较少，年专利申请量未超过10项；自进入2008年起，专利申请量呈现波动增长趋势，并于2015年达到最大申请量（38项）。新华医疗药品包装设备和制剂前处理设备专利布局起步较晚，均在2006年才开始布局相关专利申请；其更重视药品包装设备专利申请，最高年专利申请量为2015年的46项。

表5-2-2　新华医疗中药制药装备一级分支全球专利历年申请量分布　　单位：项

年份	灭菌设备	药品包装设备	制剂前处理设备	制药用水生产设备
1999	6	0	0	0
2000	2	0	0	0
2001	0	0	0	0
2002	0	0	0	0
2003	2	0	0	0
2004	0	0	0	0
2005	1	0	0	0

续表

年份	灭菌设备	药品包装设备	制剂前处理设备	制药用水生产设备
2006	7	20	1	0
2007	9	2	1	0
2008	16	14	0	0
2009	8	18	0	0
2010	21	8	0	0
2011	9	6	0	0
2012	17	5	6	0
2013	36	10	8	0
2014	24	25	11	0
2015	38	46	12	1
2016	15	27	12	0
2017	6	21	1	0
2018	4	2	0	0

图5-2-3展示了新华医疗药品包装二级分支技术构成。新华医疗围绕灌装设备、封装设备、灌封一体机、外包装设备进行专利布局，灌封一体机是其专利布局重点领域，其灌封一体机专利申请量占其药品包装设备专利申请总量的60%。

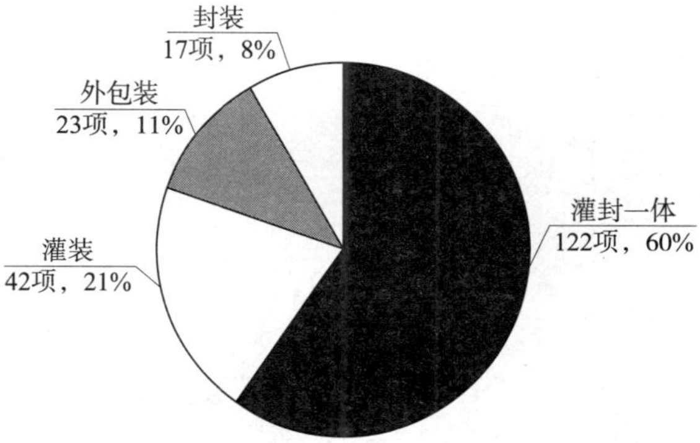

图5-2-3　新华医疗药品包装二级分支技术构成

5.2.3　技术发展路线

灭菌设备和药品包装设备两个技术分支为新华医疗的优势技术分支。在此对上述两个分支的技术发展路线进行分析。

5.2.3.1　灭菌设备

图5-2-4展示了新华医疗灭菌设备专利技术发展路线。新华医疗主要围绕水浴灭菌设备、蒸汽灭菌设备、等离子灭菌设备、脉动真空灭菌设备、干热灭菌设备以及其他灭菌设备等灭菌产品进行专利申请，其中水浴灭菌设备和蒸汽灭菌设备是其布局重点，新华医疗不断更新迭代相关产品的性能，目前实现了水浴灭菌设备的在线清洁。

5.2.3.2　药品包装设备

图5-2-5展示了新华医疗药品包装设备专利技术发展路线。由该图可以看出，新华医疗在灌装设备、封装设备、灌封一体机技术分支的起步较早。灌装设备技术分支中，新华医疗最先发展的是灌装机精度灌装阀和阀式灌装机，近年正在集成灌装机

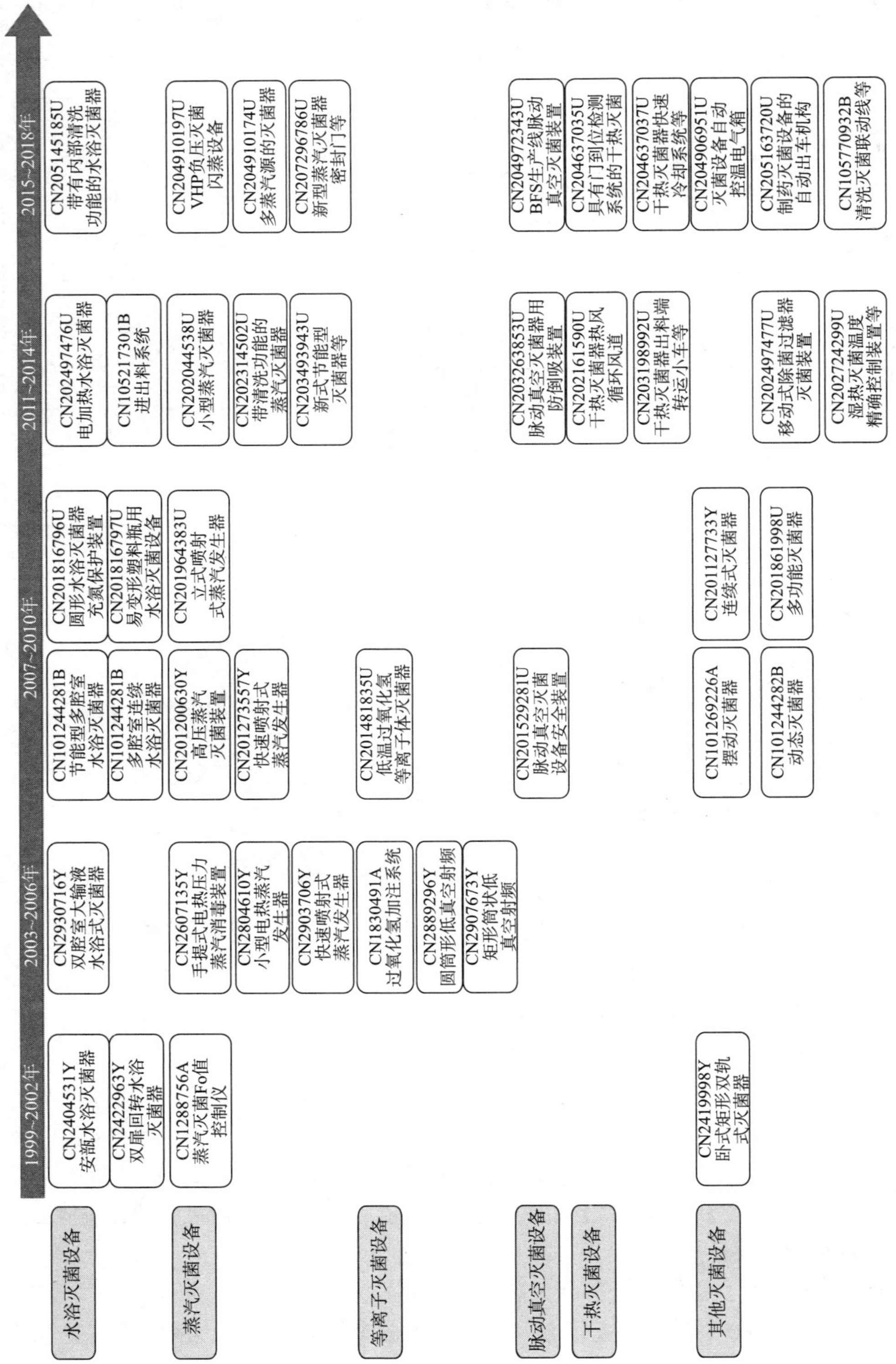

图5-2-4 新华医疗灭菌设备专利技术发展路线

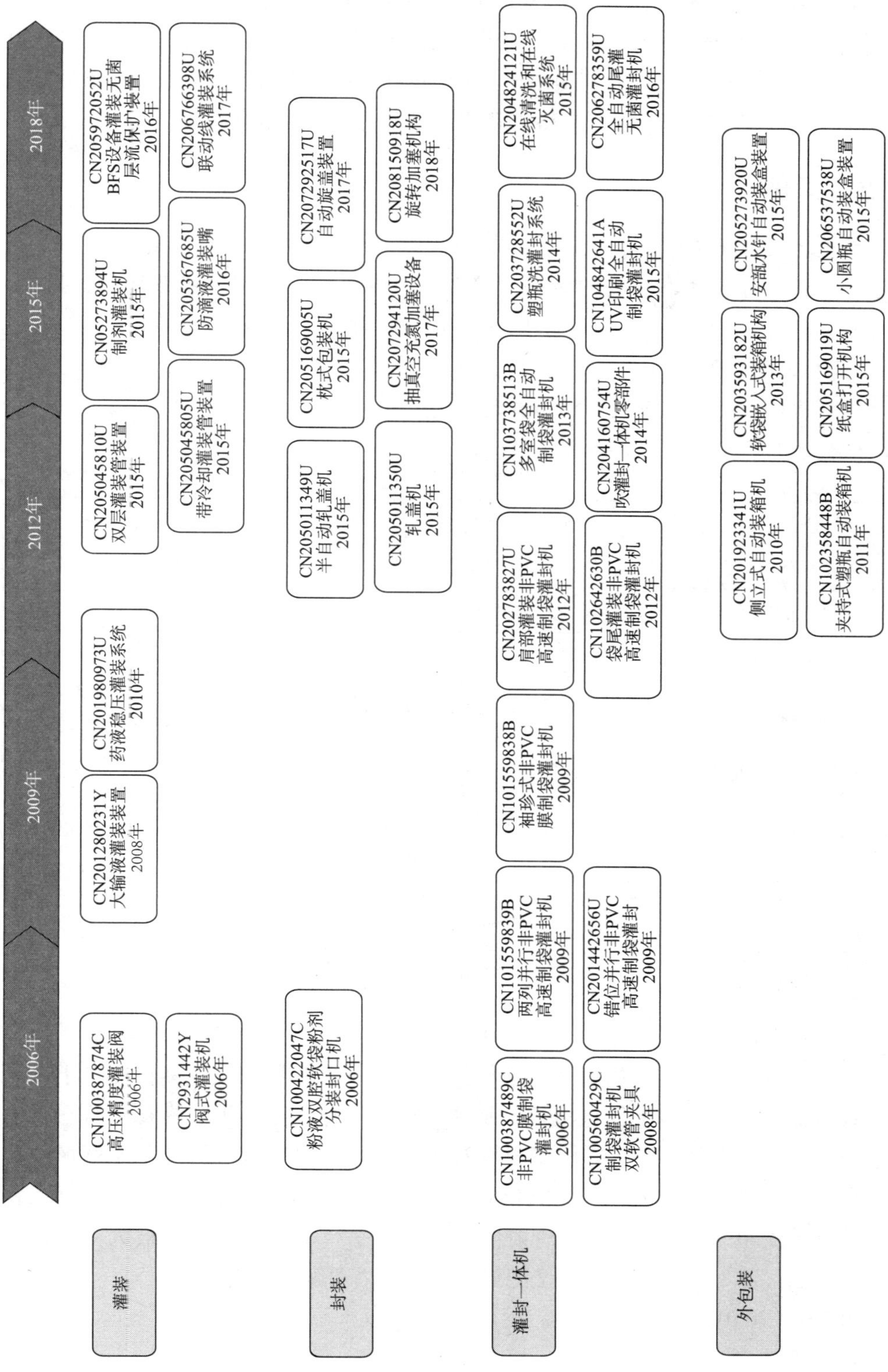

图5-2-5　新华医疗药品包装设备专利技术发展路线

的在线灭菌系统。封装设备技术分支中，新华医疗的专利申请主要集中在分装封口机、轧盖机、封装机的旋盖装置及加塞结构。灌封一体机技术分支中，新华医疗重视非PVC膜制袋灌封机的结构及相关部件专利申请。相较于楚天科技，新华医疗外包装设备技术分支专利布局起步较早，自2010年开始围绕装盒机、装箱机及装箱机相关部件进行专利布局，但新华医疗更重视装箱机及装箱机相关部件的专利布局。

5.2.4 重点专利

进一步地，对新华医疗灭菌设备、药品包装设备两个优势技术分支中的重点专利进行筛选和分析。综合考虑专利的被引用频次、法律状态和权利要求数量三个指标，筛选重点专利。

5.2.4.1 药品灭菌设备

新华医疗灭菌设备领域重点专利如表5－2－3所示。

表5－2－3 新华医疗灭菌设备领域重点专利

序号	公开号	名称	申请日
1	CN201481835U	低温过氧化氢等离子体灭菌器	2009年8月14日
2	CN201558337U	全自动卧式压力蒸汽灭菌器	2009年11月18日
3	CN203315386U	干热灭菌器温度控制装置	2013年7月2日
4	CN203749868U	一种具有节能防溢流功能的蒸汽灭菌器气液循环系统	2014年2月11日
5	CN203790327U	新型环氧乙烷加湿灭菌器	2014年4月17日
6	CN204872807U	一种灭菌设备及其自动进出料装置	2015年8月13日
7	CN205434432U	一种快速冷却的蒸汽灭菌器	2015年12月29日

➢ 公开号：CN201481835U

申请日：2009年8月14日

专利名称：低温过氧化氢等离子体灭菌器

技术方案：一种低温过氧化氢等离子体灭菌器，有灭菌器内腔，其特征在于灭菌器内腔中设有射频等离子体平行电极板，平行电极板支撑在上、下支撑杆上，平行电极板通过导线连接在射频电极上。由于射频等离子体平行电极板独立地位于圆形或矩形金属灭菌器中，极板面积大，对过氧化氢气体的电离率高，与被灭菌物体接触面积大，均匀性好，灭菌、解析效果好。将射频等离子体平行电极板与放置被灭菌物体的搁架优化设计成一体，既节省空间，又能提高灭菌效果和解析效果。

➢ 公开号：CN201558337U

申请日：2009年11月18日

专利名称：全自动卧式压力蒸汽灭菌器

技术方案：一种全自动卧式压力蒸汽灭菌器，属于医用消毒设备领域，包括支架和控制电路，支架设置蒸汽发生器、电器箱和管路，所述的支架上方固定设置横卧的内室，内室设置密封门，内室的壁为夹层，夹层底部连接蒸汽发生器，夹层顶部通过进汽管连通内室内部，内室底部设置排汽管，内室顶部设置控制箱，控制箱内设置控制电路、夹层压力表和内室压力表，夹层压力表连接夹层，内室压力表连接内室，进汽管和排汽管分别设置电磁阀，电磁阀的控制端连接控制电路。

➢ 公开号：CN203315386U

申请日：2013 年 7 月 2 日

专利名称：干热灭菌器温度控制装置

技术方案：一种干热灭菌器温度控制装置，包括：灭菌器内室、可控硅电力调节器、电加热系统、上温度采集系统、下温度采集系统、检测控制系统和灭菌器主体；其中，检测控制系统包括 PLC 控制系统和 PID 控制系统，上温度采集系统和下温度采集系统位于灭菌器腔室内部，电加热系统固定于灭菌器主体内壁，检测控制系统在灭菌器外部分别与上温度采集系统、下温度采集系统和可控硅电力调节器连接，可控硅电力调节器位于灭菌器主体外部，同时与电加热系统连接。

➢ 公开号：CN203749868U

申请日：2014 年 2 月 11 日

专利名称：一种具有节能防溢流功能的蒸汽灭菌器气液循环系统

技术方案：一种具有节能防溢流功能的蒸汽灭菌器气液循环系统，包括灭菌腔、通过冷凝水管路与灭菌腔连接的水箱，通过注水管路与水箱连接的蒸汽发生器，蒸汽发生器通过蒸汽管路与灭菌腔相连，其特征在于：在所述的水箱内设置有净水箱以及间隔形成的污水箱，所述的冷凝水管路与污水箱相连，注水管路与净水箱相连。

➢ 公开号：CN203790327U

申请日：2014 年 4 月 17 日

专利名称：新型环氧乙烷加湿灭菌器

技术方案：一种新型环氧乙烷加湿灭菌器，设有灭菌器内室，灭菌器内室一侧上部与蒸汽管路相通，蒸汽管路上设有加湿阀门，灭菌器内室另一侧中下部安装湿度测量装置，真空泵通过限流排汽水管路与灭菌器内室底部相通，限流排汽水管路上设置排汽水阀门，排汽水阀门与灭菌器内室之间设置压力测量装置，排汽水阀门采用电动调节阀，电动调节阀输入端和加湿阀门分别连接控制装置不同控制端，电动调节阀输出端、压力测量装置和湿度测量装置分别连接控制装置不同信号输入端。

➢ 公开号：CN204872807U

申请日：2015 年 8 月 13 日

专利名称：一种灭菌设备及其自动进出料装置

技术方案：一种灭菌设备及其自动进出料装置，能够实现自动进出料，所述灭菌设备包括对灭菌车所承载的工件进行灭菌处理的灭菌器，所述自动进出料装置包括进出车动力源和与其连接的定位件，所述定位件与所述灭菌车可拆卸连接，所述进出车动力源能够驱动所述定位件前后移动，以便所述定位件带动所述灭菌车进出所述灭菌器。

➢ 公开号：CN205434432U

申请日：2015年12月29日

专利名称：一种快速冷却的蒸汽灭菌器

技术方案：一种快速冷却的蒸汽灭菌器，包括灭菌器腔体，在灭菌器腔体的顶部设置有在灭菌过程中将灭菌器腔体进行密封的密封门，在灭菌器腔体内底部设置有用于加热生成蒸汽的加热器。在灭菌器腔体的外周圈套装有用于对灭菌器腔体内部进行散热的水冷降温机构。在利用水冷降温机构对灭菌器腔体内部进行快速降温时，灭菌器本体内部的压力会随温度的下降而降低，因此在灭菌器腔体外部设置有压力稳定机构，用于实现降温过程中灭菌器腔体内部压力的平衡。

5.2.4.2 药品包装设备

新华医疗药品包装设备领域重点专利如表5-2-4所示。

表5-2-4 新华医疗药品包装设备领域重点专利

序号	公开号	名称	申请日
1	CN201703572U	错位式快速非PVC膜自动制袋灌封机	2010年5月27日
2	CN202783827U	肩部灌装非PVC膜输液软袋全自动制袋灌封机	2012年9月14日
3	CN204160754U	一种吹灌封一体机的模具驱动机构	2014年9月22日
4	CN204264517U	制袋灌封机的送接口机构	2014年11月28日
5	CN204323771U	制袋灌封机的膜材供给机构	2014年11月28日
6	CN204981101U	塑料瓶吹瓶灌装封口一体机	2015年7月31日
7	CN204871800U	一种软包装输液终端不灭菌的制袋灌封装置	2015年8月20日
8	CN205011350U	一种轧盖机	2015年9月18日

➢ 公开号：CN201703572U

申请日：2010年5月27日

专利名称：错位式快速非PVC膜自动制袋灌封机

技术方案：一种错位式快速非PVC膜自动制袋灌封机，属于医药机械，使药液的制袋、灌装一次完成，包括框架组件、配电柜、制袋机构和灌封机构，其中，制袋机构包括上膜机构、热合成袋机构和接口焊接机构，灌封机构包括灌装机构、封盖机构和袋体输出机构，制袋机构和灌封机构中分别配装有环形传送带，环形传送带上设有接口夹具，制袋机构和灌封机构之间设有袋体转移机构，其特征在于制袋机构和灌封机构中的环形传送带装配在同一框架上并错位布置。

➢ 公开号：CN202783827U

申请日：2012年9月14日

专利名称：肩部灌装非PVC膜输液软袋全自动制袋灌封机

技术方案：肩部灌装非 PVC 膜输液软袋全自动制袋灌封机，包括框架以及安装在框架上的制袋装置和灌封装置。其特征在于：灌封装置包括第二环形传送组件以及由第二环形传送组件自右到左连接的灌装密封机构、封口机构、冷却机构和袋输出机构，制袋装置中的第一环形传送组件和灌封装置中的第二环形传送组件上均匀分布有固定袋体并带动其运动的夹具，第一环形传送组件和第二环形传送组件之间设有转移机构。焊接机构上设置有一个缺口，使焊接完成的袋体肩部留有肩部开口。

➢ 公开号：CN204160754U

申请日：2014 年 9 月 22 日

专利名称：一种吹灌封一体机的模具驱动机构

技术方案：一种吹灌封一体机的模具驱动机构，属于吹灌封一体机零部件设备领域，包括分别与驱动机构连接的右模具和左模具，所述的右模具和左模具相对安装，所述的驱动机构与动力机构连接；其特征在于：所述的驱动机构包括相对设置的右模具驱动齿条、左模具驱动齿条和与二者同时啮合的转向齿轮，所述右模具驱动齿条和左模具驱动齿条通过转向齿轮的传动实现同步反向移动；右模具驱动齿条与右模具连接；左模具驱动齿条通过连接杆与左模具连接。

➢ 公开号：CN204264517U

申请日：2014 年 11 月 28 日

专利名称：制袋灌封机的送接口机构

技术方案：一种制袋灌封机的送接口机构，包括接口供给机构，用于将接口推送至夹具，所述夹具沿环形传送组件的导轨将所述接口送入膜材的两层薄膜之间；所述接口供给机构包括接口夹手、夹手驱动部和翻转组件；所述夹手驱动部能够驱动所述接口夹手夹取处于水平状态的接口；所述翻转组件能够翻转所述接口夹手，以使水平状态的接口转换为竖直状态；所述夹手驱动部还能够驱动所述接口夹手将处于竖直状态的接口推送至所述夹具。

➢ 公开号：CN204323771U

申请日：2014 年 11 月 28 日

专利名称：制袋灌封机的膜材供给机构

技术方案：一种制袋灌封机的膜材供给机构，包括上膜机构和拉膜机构，所述上膜机构包括轴线水平设置的送膜滚筒，用于将膜材以水平状态送出；和换向滚筒，用于将输送至此的水平状态的膜材转换为竖直状态；所述拉膜机构用于将输送至此的竖直状态的所述膜材拉送至制袋灌封机的制袋机构。该膜材供给机构，将膜材以竖直状态传送至制袋机构，在此过程中，形成袋子的袋口始终位于最高点，制袋机构的相关模具位于膜材的前后侧，也就是说，最大限度地减少了位于膜材上方的结构，从而避免了对确保洁净度的层流的干扰，使膜材在制袋过程中能够满足相关洁净度的要求，进而为袋装非最终灭菌制剂的生产提供了基础。

➢ 公开号：CN204981101U

申请日：2015 年 7 月 31 日

专利名称：塑料瓶吹瓶灌装封口一体机

技术方案：一种塑料瓶吹瓶灌装封口一体机，其特征是，包括机架，所述机架为多排多列的框架结构，在机架的上部安装有挤出系统，挤出系统的输出端对接合模机构，在合模机构上方是灌装系统，合模机构的下方为转移机构。该实用新型通过合理的结构设置，将多个系统有机组合在一起，达到吹塑、灌装一体完成，主要是被挤压的医用PE或PP在吹塑模中吹成容器后，立刻进行液体的无菌灌装，形成一个无菌且不含热源体的容器，然后进行封口，整个过程都是在无菌环境且在一台机器中完成的。

➢ 公开号：CN204871800U

申请日：2015年8月20日

专利名称：一种软包装输液终端不灭菌的制袋灌封装置

技术方案：一种软包装输液终端不灭菌的制袋灌封装置，包括：制袋机；灭菌前传送机构，用于将密封的空袋传送至装盘处；空袋装盘机构，用于将空袋摆放在灭菌盘上，并叠盘形成灭菌车；灭菌设备，用于对整车空袋进行灭菌；空袋卸盘机构，用于将完成灭菌的空袋从灭菌设备传送至卸盘处，并通过拆盘，将灭菌车拆成单个灭菌盘，再对单个灭菌盘进行卸袋；灭菌后传送机构，用于将从灭菌盘卸下的空袋传送至灌封处；灌封机，用于切开空袋的灌装口，对空袋进行灌装并封口。

➢ 公开号：CN205011350U

申请日：2015年9月18日

专利名称：一种轧盖机

技术方案：一种轧盖机，包括起固定作用的支撑组件，包括至少一个轧盖组件、至少一个与轧盖组件相配合且一一对应的托瓶座组件以及竖直套装于所述支撑组件内的转盘轴套，所述轧盖组件环形固定于所述转盘轴套上，所述托瓶座组件设置于所述支撑组件上且与所述转盘轴套滑动配合，所述转盘轴套的下方设置有能够驱动其竖直升降的升降机构。

5.2.5 专利运营

对新华医疗中药制药装备专利申请的许可转让情况进行分析发现，新华医疗暂未发生专利的转让，仅5项专利进行了许可备案，许可专利仅占申请总量的1%。表5-2-5展示了新华医疗中药制药装备许可专利的公开号、名称、申请日、当前法律状态、被许可人等信息。由该表可知，新华医疗中药制药装备专利的被许可人为淄博弘扬石油设备集团有限公司、吉林省都邦药业股份有限公司、山东兴辉化工股份有限公司、淄博德诺铝业科技有限公司和山东宝源生物有限公司，许可量分别是1项。其中，许可给淄博弘扬石油设备集团有限公司和淄博德诺铝业科技有限公司的2项专利因未缴年费而失效，许可给山东兴辉化工股份有限公司和山东宝源生物有限公司的2项专利因权利期满而失效。

表5-2-5 新华医疗中药制药装备许可专利详情

公开（公告）号	名称	申请日	当前法律状态	被许可人	许可备案日期
CN201087001Y	新型环形传送机构	2007年9月30日	权利终止	淄博弘扬石油设备集团有限公司	2010年3月11日
CN100387874C	高压精确灌装阀	2006年6月26日	授权	吉林省都邦药业股份有限公司	2015年3月19日
CN201058129Y	冷凝收集装置	2007年7月14日	权利终止	山东兴辉化工股份有限公司	2009年7月7日
CN2934200Y	压力平衡罐	2006年6月26日	权利终止	淄博德诺铝业科技有限公司	2010年3月11日
CN2804610Y	小型电热蒸汽发生器	2005年6月2日	权利终止	山东宝源生物有限公司	2009年9月18日

5.3 东富龙

东富龙成立于1993年，是一家为全球制药企业提供制药工艺、核心装备、系统工程整体解决方案的综合化中药制药装备供应商，主营业务为医用冻干机及冻干系统的研发、设计、生产、销售和服务，一直专注于冻干系统的行业发展，为制药企业提供专业化、个性化、定制化的冻干系统解决方案，是国内最大的冻干机设备制造商，产品应用于注射剂、固体制剂、化学原料、生物工程、中药、医疗、食品等领域。该公司自创立以来，经过20多年的发展，已有近8000台制药设备、药品制造系统服务于全球40多个国家和地区的近千家知名制药企业。

5.3.1 申请趋势

图5-3-1展示了东富龙中药制药装备全球专利申请趋势。由该图可知，东富龙是从2003年开始布局中药制药装备专利申请，2003~2008年的年专利申请量均未超过10项。自进入2009年起，东富龙中药制药装备专利申请呈现波动增长趋势，并于2015年突破百项，2009~2015年专利申请量平均增长率为84%。与楚天科技和新华医疗类似，受新版GMP认证结束、医药行业变革等因素影响，东富龙中药制药装备专利申请自进入2016年后呈现波动下降趋势。

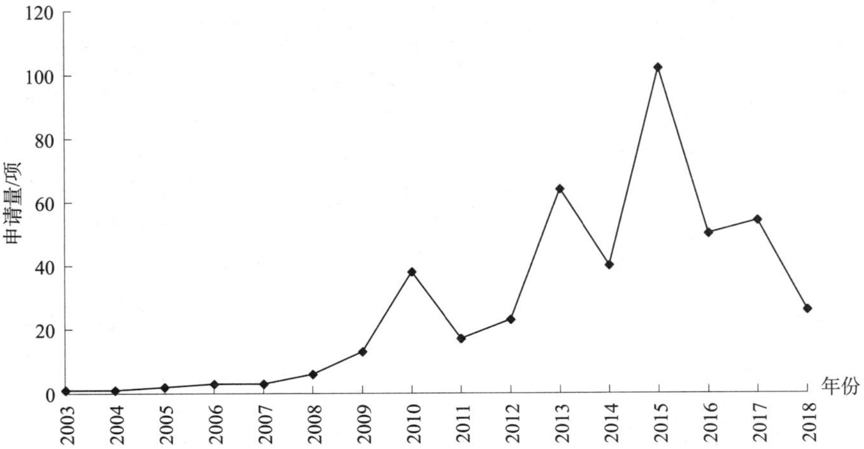

图5-3-1 东富龙中药制药装备全球专利申请趋势

5.3.2 专利布局

5.3.2.1 专利申请类型及法律状态

表5-3-1为东富龙中药制药装备专利申请类型及法律状态。从该表可以看出，东富龙的中药制药装备专利申请中，发明121项，实用新型322项，分别占专利申请总量的27%和73%。发明中有效专利46项，在审专利申请29项，分别占发明专利申请总量的38%、24%；实用新型中有效专利249项，占实用新型总量的77%。

表5-3-1 东富龙中药制药装备专利申请类型及法律状态 单位：项

专利申请类型	有效	失效	审查中	总计
发明	46	46	29	121
实用新型	249	73	0	322
总计	295	119	29	443

5.3.2.2 技术构成

图5-3-2为东富龙中药制药装备专利技术构成占比。从该图可以看出，东富龙的专利申请主要集中在药品包装和制剂前处理两个技术领域，占比分别为49%和41%。此外，其在灭菌、制药用水生产和制剂成型技术领域也布局了一定量的专利，专利占比依次为6%、3%和1%。

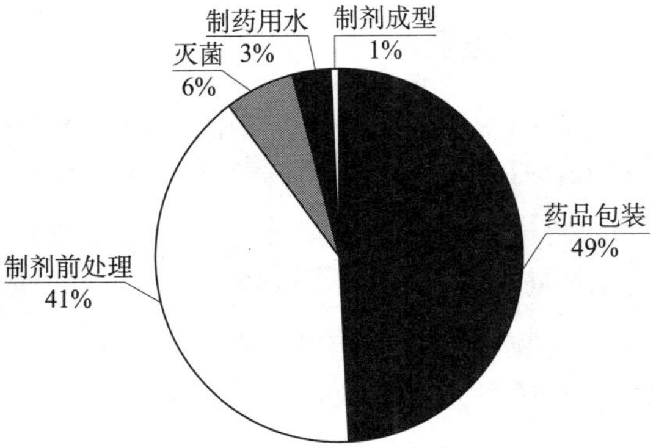

图5-3-2 东富龙中药制药装备专利技术构成占比

表5-3-2为东富龙中药制药装备一级分支全球专利历年申请量分布。

由该表可知，东富龙药品包装设备、制剂前处理设备、灭菌设备、制剂成型设备、制药用水生产设备5个技术分支的起步和发展各有特点。其中，制剂前处理设备专利申请起步最早，而且2003～2018年均有制剂前处理专利申请，技术延续性好，但2007年之前专利申请总量未超过10项；自进入2008年起，随着冻干系统行业需求的高速增长和新版GMP认证的实施，东富龙作为国内冻干系统行业的领先企业，相关的制剂前处理设备专利申请增加明显，并于2010年达到最高年申请量36项。东富龙药品包装设备专利申请起步较晚，首件专利于2007年提出，2008年和2009年没有专利产生，最大年申请量为2015年的63项，使药品包装设备成为东富龙发展最迅速的技术分支。灭菌设备、制剂成型设备和制药用水生产设备发展均较晚，技术发展缓慢，年专利申请量均未超过10项。

表5-3-2　东富龙中药制药装备一级分支全球专利历年申请量分布　　单位：项

年份	药品包装设备	制剂前处理设备	灭菌设备	制剂成型设备	制药用水生产设备
2003	0	1	0	0	0
2004	0	1	0	0	0
2005	0	2	0	0	0
2006	0	3	0	0	0
2007	1	2	0	0	0
2008	0	6	0	0	0
2009	0	11	2	0	0
2010	2	36	0	0	0
2011	3	13	0	0	1
2012	7	10	6	0	0
2013	44	12	8	0	0
2014	17	19	2	0	2
2015	63	29	4	6	0
2016	28	14	2	6	0
2017	34	14	3	3	0
2018	19	7	0	0	0

图5-3-3展示了东富龙药品包装设备和制剂前处理设备二级分支技术构成情况。药品包装设备技术分支中，东富龙也围绕灌装设备、封装设备、灌封一体机、外包装设备进行专利布局；与楚天科技和新华医疗不同的是，东富龙更重视外包装设备专利布局，其外包装设备专利申请量占药品包装设备专利申请总量的23%。制剂前处理设备技术分支中，东富龙专利申请高度集中于干燥设备（172项），干燥设备专利申请量占该技术分支总量的96%，技术优势明显；进一步对干燥设备专利技术构成分析发现，

东富龙干燥设备专利申请以冷冻干燥设备为主（158项），占干燥设备的92%。

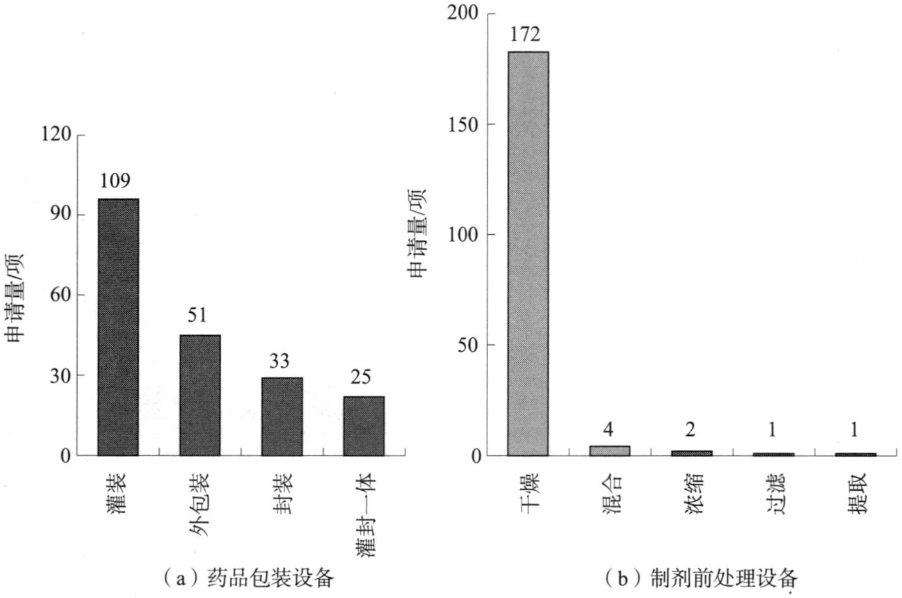

图5-3-3　东富龙药品包装设备和制剂前处理设备二级分支技术构成

5.3.3　技术发展路线

药品包装设备和冷冻干燥设备两个技术分支为东富龙的优势技术分支，在此对上述两个分支的技术发展路线进行分析。

5.3.3.1　药品包装设备

图5-3-4为东富龙药品包装设备专利技术发展路线。由该图可知，东富龙在灌装设备领域起步最早，在该技术分支最先发展的是柱塞式灌装机，近年在开发可全称重药品灌装机。在封装装备技术分支，东富龙的专利申请主要集中在西林瓶轧盖机及轧盖机相关部件。在灌封一体机技术分支，东富龙专注于吹灌封一体机及其相关部件技术开发。东富龙外包装设备技术分支起步较晚，专利申请集中在装盒机及其相关部件。

5.3.3.2　冷冻干燥设备

图5-3-5为东富龙冷冻干燥设备专利技术发展路线。由该图可以看出，东富龙主要围绕冷冻干燥设备的进出料系统、制冷系统、板层结构、隔离系统和清洁系统进行技术改进与研发，提高冻干机的自动化程度、干燥效率、无菌度和洁净度。其中，进出料系统和制冷系统是其技术改进的重点环节，其在该领域具有较强的技术研发实力，目前已成功研制出固定式自动进出料、半自动进料系统；冻干机的板层结构和隔离系统的技术改进起步相对较晚，但技术研发良好，已成功研制出无菌检查隔离系统、注射剂生产线隔离系统；冻干机清洁系统研究起步最晚，相关专利申请不多，按照GB/T 36030—2018国家标准，目前已实现冻干机的在线清洗。

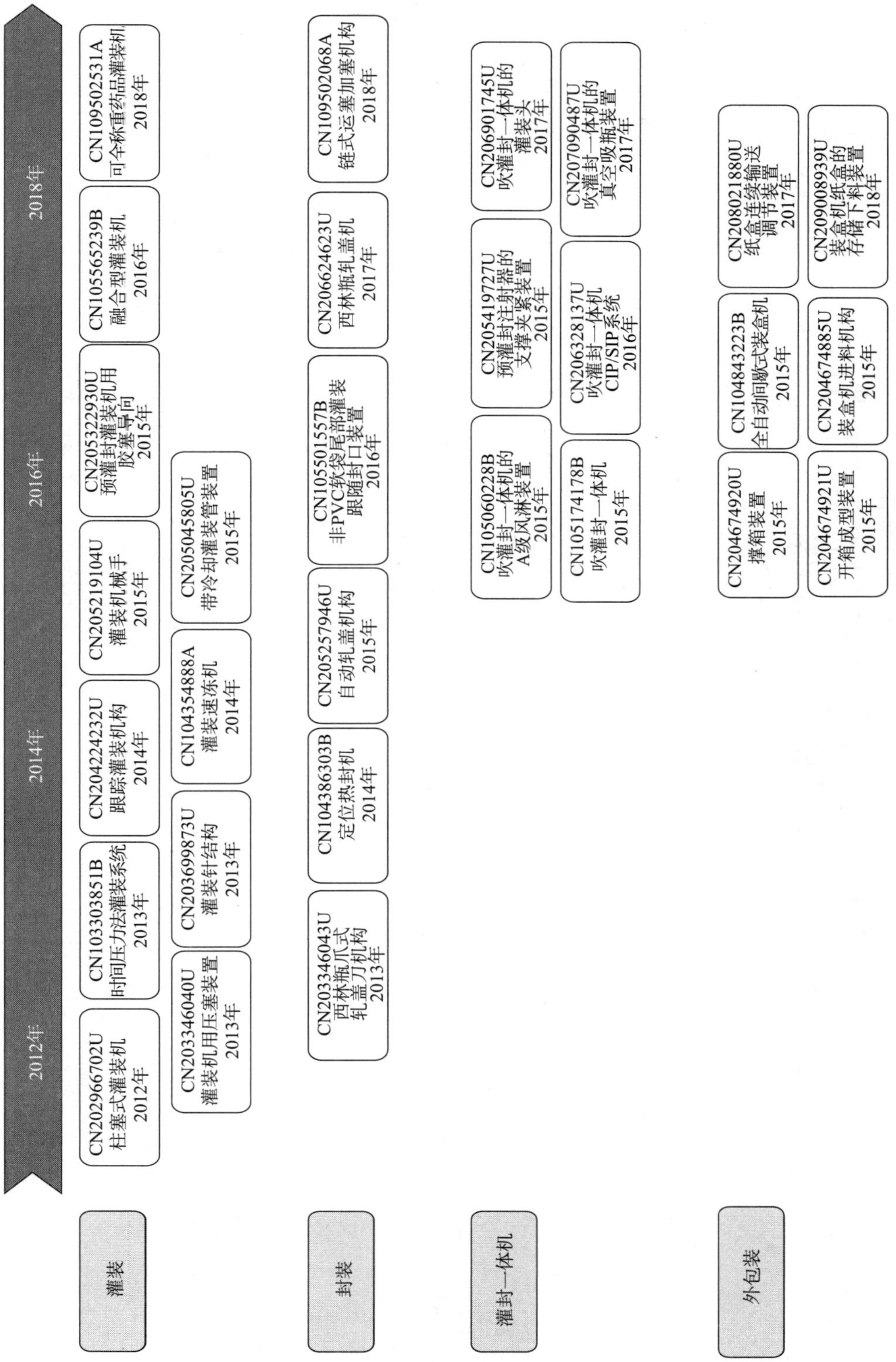

图5－3－4 东富龙药品包装设备专利技术发展路线

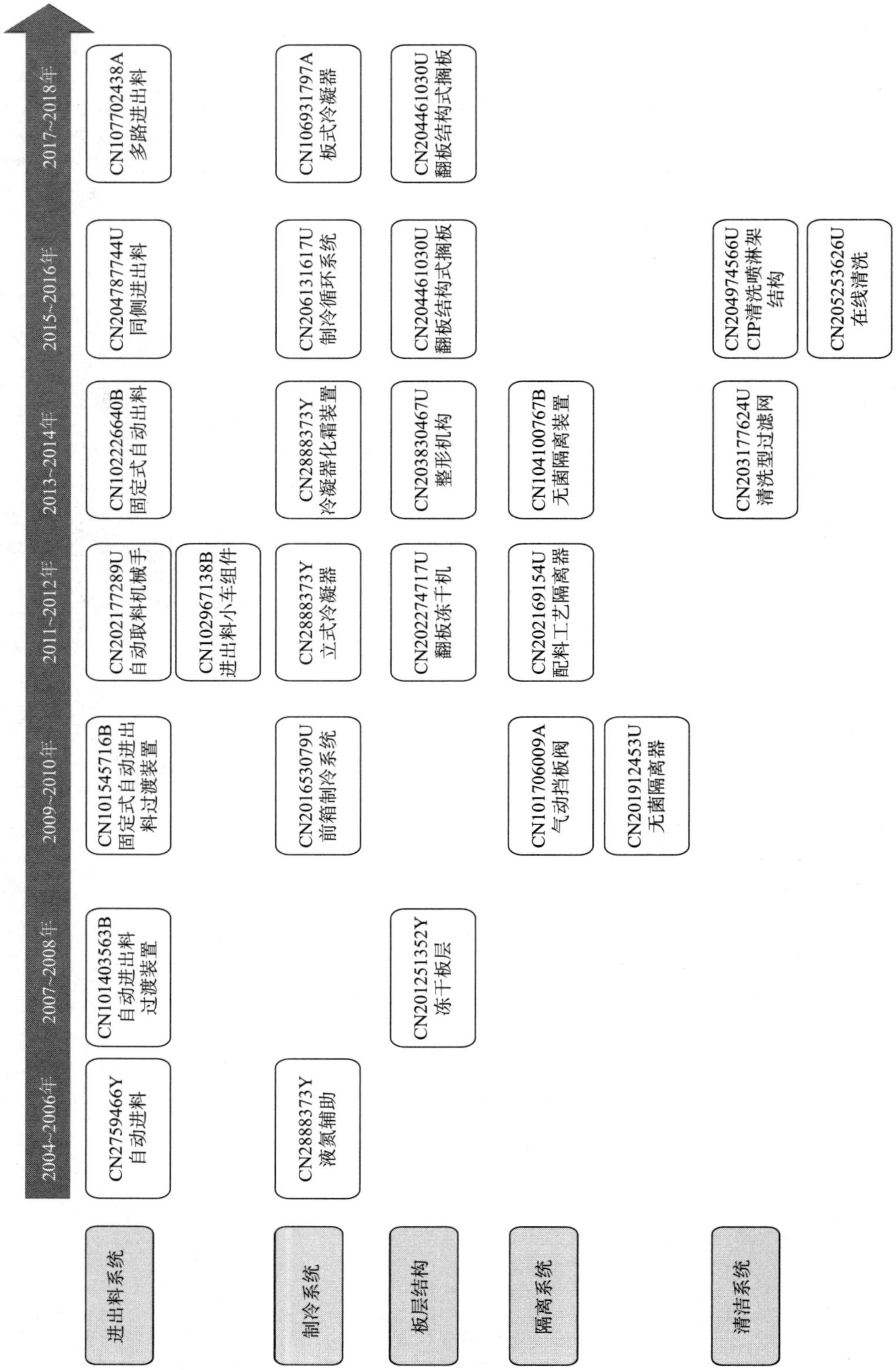

图5-3-5 东富龙冷冻干燥设备专利技术发展路线

5.3.4　重点专利

进一步地，对东富龙药品包装设备、冷冻干燥设备两个优势技术分支中的重点专利进行筛选和分析。综合考虑专利的被引用频次、法律状态和权利要求数量三个指标，筛选重点专利。

5.3.4.1　药品包装设备

东富龙药品包装领域重点专利如表5－3－3所示。

表5－3－3　东富龙药品包装领域重点专利

序号	公开号	名称	申请日
1	CN203593414U	一种用于灌装机的胶塞转运机构	2013年11月4日
2	CN203699873U	灌装机用灌装针结构	2013年12月3日
3	CN204224234U	一种用于灌装机的槽阀泵的旋转切换机构	2014年11月17日
4	CN204224232U	一种灌装机用跟踪灌装机构	2014年11月17日
5	CN204674920U	一种撑箱装置	2015年5月12日
6	CN204674884U	全自动间歇式装盒机	2015年5月15日
7	CN205219104U	灌装机械手	2015年11月16日
8	CN205470064U	一种非PVC软袋尾部灌装开袋密封装置	2016年1月7日

➢ 公开号：CN203593414U

申请日：2013年11月4日

专利名称：一种用于灌装机的胶塞转运机构

技术方案：一种用于灌装机的胶塞转运机构，其特征在于，包括取塞星轮，取塞星轮穿过取塞星轮转动轴、摩擦环与滑套连接，滑套顶端设有紧定旋钮，滑套绕在取塞星轮转动轴的外侧，取塞星轮转动轴的底部设有齿轮，滑套与取塞星轮转动轴之间设有平键，滑套通过其外侧的法兰轴承与固定块的一端连接，固定块的另一端设有胶塞轨道，固定块的中间设有锁紧螺钉，锁紧螺钉依次穿过固定块、星轮上下用螺帽与星轮上下用螺杆连接。

➢ 公开号：CN203699873U

申请日：2013年12月3日

专利名称：灌装机用灌装针结构

技术方案：一种灌装机用灌装针结构，其特征在于，包括灌装针本体和锁紧螺母，灌装针本体的顶部与锁紧螺母连接。该实用新型中的灌装针有两段宝塔接头，与软管连接更牢固；再者，与锁紧螺母配合连接，将软管压紧，当CIP/SIP❶时，保证软管不

❶ 在线清洗（Clean in Place，CIP）；在线消毒（Sterilize in Place，SIP）。

会因为温度和压力而脱落。该实用新型中的灌装针为弯管，在灌液时，只有一小段进入瓶子，最大限度保护了瓶口上方的层流。

➢ 公开号：CN204224234U

申请日：2014年11月17日

专利名称：一种用于灌装机的槽阀泵的旋转切换机构

技术方案：一种用于灌装机的槽阀泵的旋转切换机构，包括槽阀泵灌装组件、第一伺服电机、减速机、光轴、主动臂、主连杆、从连杆、从动臂和换向轴。所述第一伺服电机的输出轴通过所述减速机与所述光轴的下端连接；所述主动臂的一头安装在所述光轴的上端；所述主连杆的一头铰接在所述主动臂的另一头，所述主连杆的另一头通过所述从连杆与所述从动臂的一头铰接；所述从动臂的另一头安装在所述换向轴的上端；所述换向轴的下端通过联接销与所述槽阀泵灌装组件的上端连接。

➢ 公开号：CN204224232U

申请日：2014年11月17日

专利名称：一种灌装机用跟踪灌装机构

技术方案：一种灌装机用跟踪灌装机构，包括：机架、线性模组、竖直的光轴、通过该光轴与所述线性模组的滑块相接的灌装针架组件、竖直设置于所述机架的滚珠丝杆、套设于所述滚珠丝杆的丝杆螺帽座、驱动所述线性模组的滑块进行水平移动的第一伺服电机以及驱动所述滚珠丝杆以带动所述线性模组进行竖直移动的第二伺服电机，所述线性模组水平固定于所述丝杆螺帽座。

➢ 公开号：CN204674920U

申请日：2015年5月12日

专利名称：一种撑箱装置

技术方案：一种撑箱装置，设于装箱系统中，装箱系统包括固定前侧板、固定后侧板及设于固定前侧板与固定后侧板之间的纸箱定位成型工位；撑箱装置由第一撑箱部件和第二撑箱部件组成，第一、第二撑箱部件分别设于固定前、后侧板上。根据纸箱尺寸调节第一撑箱部件上的手轮，同时看计数器上的数字满足纸箱使用要求即可；当纸箱到成型工位后，气缸带动的两个撑箱摆臂把对角纸箱折页撑开，撑箱完成就可以直接装箱了。装箱完成，通过升降气缸把打后上折页摆臂降下去把后上折页打下，即可输送到下一工位封箱。

➢ 公开号：CN204674884U

申请日：2015年5月15日

专利名称：全自动间歇式装盒机

技术方案：一种全自动间歇式装盒机，其特征在于，包括依次连接的自动装盒机进料理瓶转盘、西林瓶分度转盘进料机构、设于整机机架上的间歇式输送装置，间歇式输送装置上侧设有依次连接的说明书进给装置、纸盒加载装置、跟随纸盒开盒机构、药品装载装置、全自动钢模印字机构、全自动插舌式封盒装置；间歇式输送装置的输出端设有侧夹式弹性输送装置。

➢ 公开号：CN205219104U

申请日：2015 年 11 月 16 日

专利名称：灌装机械手

技术方案：一种灌装机械手，其特征在于：包括马达一，马达一通过平行四边形机构一驱动摆臂一绕轴心一摆动，平行四边形机构一的一条边及该条边的对边分别与马达一的输出轴及轴心一连接固定；还包括马达二，马达二通过平行四边形机构二及平行四边形机构三驱动摆臂二绕轴心二摆动，平行四边形机构二的一条边及该条边的对边分别与马达二的输出轴及轴心一连接固定，平行四边形机构三的一条边及该条边的对边分别与轴心一及轴心二连接固定。

➢ 公开号：CN205470064U

申请日：2016 年 1 月 7 日

专利名称：一种非 PVC 软袋尾部灌装开袋密封装置

技术方案：一种非 PVC 软袋尾部灌装开袋密封装置，其特征在于，包括一对安装板，两块安装板的相对外侧各设有一个气缸，两块安装板的相对内侧分别设有硅胶密封板；安装板上设有均匀分布的快插接头，快插接头与硅胶密封板的内侧连通。

5.3.4.2 冷冻干燥设备

东富龙冷冻干燥设备领域重点专利如表 5－3－4 所示。

表 5－3－4 东富龙冷冻干燥设备领域重点专利

序号	公开号	名称	申请日
1	CN101858688A	液氮冷冻干燥机及其控制方法	2010 年 6 月 11 日
2	CN201912453U	冻干制剂核心区域无菌隔离器	2010 年 9 月 6 日
3	CN202630641U	一种用于真空冷冻干燥机的真空吸料系统	2012 年 5 月 28 日
4	CN203231612U	一种采用多种不同制冷方式的冻干机	2013 年 3 月 22 日
5	CN205228009U	全自动密闭式喷雾冻干生产设备	2015 年 11 月 17 日
6	CN205228008U	真空喷雾冷冻干燥设备	2015 年 11 月 17 日
7	CN205253626U	用于冻干机的在线清洗系统	2015 年 12 月 16 日

➢ 公开号：CN101858688A

申请日：2010 年 6 月 11 日

专利名称：液氮冷冻干燥机及其控制方法

技术方案：一种液氮冷冻干燥机及其控制方法，所述液氮冷冻干燥机包括一冻干箱，所述冻干箱内设置有板层，所述板层和循环泵、液氮换热器、电加热相连；一冷阱，所述冷阱内设置有盘管；其中，所述冻干箱和冷阱通过中隔阀相连；所述液氮换热器和第一电磁阀、第一开度调节阀相连；所述盘管和第二电磁阀、第二开度调节阀相连；所述第一电磁阀和第二电磁阀直接和液氮罐相连。

➢ 公开号：CN201912453U

申请日：2010 年 9 月 6 日

专利名称：冻干制剂核心区域无菌隔离器

技术方案：一种冻干制剂核心区域无菌隔离器，其特征在于：包括框架组件，在框架组件上设有可视操作窗组件及无菌传递接口组件，可视操作窗组件通过设于框架组件上的气密封组件实现密封，进风管的一端伸入框架组件内，另一端与空气处理单元相连，空气处理单元管路连接排风风机。

➢ 公开号：CN202630641U

申请日：2012 年 5 月 28 日

专利名称：一种用于真空冷冻干燥机的真空吸料系统

技术方案：一种用于真空冷冻干燥机的真空吸料系统，其特征在于：包括至少一台真空泵，在真空泵的抽气端上连接有真空泵自控阀门，真空管道的一端连接真空泵自控阀门，另一端与第一软管相连，第一软管连接旋风分离器的抽气端，在旋风分离器的下方设有与其连通的物料桶，在旋风分离器与物料桶之间设有隔离阀，第二软管的一端连接旋风分离器的进料端，另一端连接吸料枪。采用该实用新型提供的装置后，能够将物料自动从托盘上收集至物料桶内，提高了工作效率，降低了劳动强度及物料被操作人员污染的可能性。

➢ 公开号：CN203231612U

申请日：2013 年 3 月 22 日

专利名称：一种采用多种不同制冷方式的冻干机

技术方案：一种采用多种不同制冷方式的冻干机，包括冻干箱，冻干箱内设有板层，其特征在于，冻干箱内的奇数块板层、偶数块板层分别通过控制阀组件连接第一冷凝回路、第二冷凝回路。

➢ 公开号：CN205228009U

申请日：2015 年 11 月 17 日

专利名称：全自动密闭式喷雾冻干生产设备

技术方案：一种全自动密闭式喷雾冻干生产设备，包括：真空喷雾冷冻造粒装置，其包括喷雾筒，喷雾筒内设有用于将待冻干液体雾化分散为液滴的雾化喷嘴，喷雾筒连接用于在容器中形成真空环境使液滴中部分组分在该真空环境中汽化吸热进而使液滴冻结形成颗粒的真空系统；动态加热干燥装置，包括用于组成密闭容器的外筒，用于容纳并加热干燥物料的回转干燥器部分设于密闭容器内，加热循环系统控制回转干燥器温度；用于将干燥物料从真空密闭容器放出的真空出料机构。

➢ 公开号：CN205228008U

申请日：2015 年 11 月 17 日

专利名称：真空喷雾冷冻干燥设备

技术方案：一种真空喷雾冷冻干燥设备，包括：用于在真空喷雾冷冻干燥过程中容纳物料的密闭的容器；用于将待冻干液体雾化分散为液滴并喷入所述的容器中的雾化喷嘴；用于在真空喷雾冷冻造粒阶段在容器中形成真空环境使所述的液滴中的部分组分汽化吸热进而使液滴降温冻结形成颗粒，并在干燥阶段持续抽真空以维持所述的真空环境的真空系统；以及用于在真空喷雾冷冻造粒阶段制冷以避免所述的颗粒中的部分组分融化并在干燥阶段提供所述的颗粒中的部分组分的升华热量的调温夹套。

➢ 公开号：CN205253626U

申请日：2015 年 12 月 16 日

专利名称：用于冻干机的在线清洗系统

技术方案：一种用于冻干机的在线清洗系统，包括冻干机及冷凝器，还包括通过水管互相连通的第一冻干箱清洗阀、第二冻干箱清洗阀、第三冻干箱清洗阀、第四冻干箱清洗阀、第一板层清洗阀、第二板层清洗阀。第一冻干箱清洗阀、第二冻干箱清洗阀、第三冻干箱清洗阀、第四冻干箱清洗阀均至于冻干机的顶部，并且互相之间分布于矩形的四个角，第一板层清洗阀和第二板层清洗阀设置于冻干机内部，并且位于冻干机内部的板层处。

5.3.5　合作研发

表 5－3－5 为东富龙中药制药装备合作研发专利列表。由该表可知，东富龙中药制药装备合作申请人涉及高校、制药装备企业和中药制药企业，其中高校合作对象为上海交通大学，合作专利申请为 2 项；制药装备企业合作对象为上海涵欧制药设备有限公司，合作专利申请为 2 项；制药企业合作对象为天津天士力之骄药业有限公司，合作专利申请为 1 项。

表 5－3－5　东富龙中药制药装备合作研发专利

公开（公告）号	名称	申请日	专利有效性	合作申请人
CN205964478U	集成式微球制备装置	2016 年 4 月 25 日	有效	上海交通大学
CN105726313A	一种集成式微球制备装置	2016 年 4 月 25 日	审查中	上海交通大学
CN205797142U	一种方锥混合器	2016 年 7 月 14 日	有效	上海涵欧制药设备有限公司
CN205797141U	一种用于夹持料桶的手轮锁紧机构	2016 年 7 月 6 日	有效	上海涵欧制药设备有限公司
CN201327269Y	一种制冷系统互为备份的冻干机	2008 年 12 月 18 日	失效	天津天士力之骄药业有限公司

东富龙与上海交通大学就其合作研发的“集成式微球制备装置”在同一申请日既申请了发明专利也申请了实用新型专利，目前该技术方案的实用新型专利申请（CN205964478U）已于 2017 年 2 月 22 日获得授权，该技术方案的发明专利申请（CN105726313A）于 2016 年 8 月 3 日进入实质审查阶段。该技术方案将微球制备过程

的成型、固化、收集、洗涤和过筛五个单元操作落实在一台微球设备上，从而使整个工艺过程可以置于无菌隔离器中，实现了简便的无菌生产，且操作简捷，环保安全，满足了工业化的需求。

东富龙与上海涵欧制药设备有限公司针对料桶与混合药机设备根据容积和重量进行固定时所采用的卡接式和夹持式所分别存在的“操作繁琐，且载荷有限，不适合大容积大重量的料桶混合”“结构复杂，制造成本高，且体积较大，在使用中占用了较多的空间”的问题，研发出一种用于夹持料桶的手轮锁紧机构（CN205797141U），其具备体积小、成本低、适用于所有容积大小料桶的特点。东富龙与上海涵欧制药设备有限公司还针对混合过程使用的混合器不能同时兼具周转和储存等功能，具有效率低、耗时、周期长、装量和混合效率不能同时满足等缺点，研发出一种方锥混合器（CN205797142U），能提高混合效率，缩短混合时间以及装量，并能够实现混合、周转和储存功能。

制冷系统是冻干机的核心，是冻干机的心脏部位，制冷系统质量的好坏直接影响到冻干机系统运行的可靠性。东富龙作为国内最大的冻干机设备制造商，与天津天士力之骄药业有限公司针对传统冻干机采用活塞机或螺杆机的制冷方式，导致制冷速度相对来讲比较慢、制冷系统备份能力不强的问题，研发出一种制冷系统互为备份的冻干机（CN201327269Y），其特征在于：第一冻干机分别通过板交与第一压缩机和第二压缩机连接，第一压缩机或第二压缩机通过板交与第二冻干机连接，同时第二冻干机分别通过板交与第三压缩机和第四压缩机连接，第三压缩机或第四压缩机通过板交与第一冻干机连接，实现冻干机搁板非常快的制冷速率及两台冻干机之间的压缩机互为备份。该技术方案的专利目前因有效期届满而失效，而专利维持时间越长所缴纳的年费越高，由此反映出东富龙和天津天士力之骄药业有限公司对该技术方案的重视。

5.4 小　结

从专利申请态势来看，楚天科技、新华医疗和东富龙自2006年实施GMP改造以来，专利申请均呈现快速增长；2016年以后，受新版GMP认证结束、医药行业变革等影响，相关专利申请均呈现减缓趋势。从专利类型来看，虽然楚天科技、新华医疗和东富龙的中药制药装备有效专利占比整体较高，但专利类型均以实用新型专利申请为主，实用新型专利占比均在70%及以上，专利申请策略整体还有待提高。从技术构成来看，制剂前处理设备、灭菌设备、药品包装设备涵盖了这三位代表性申请人的核心技术领域。

在制剂前处理设备中的冷冻干燥设备领域，楚天科技和东富龙均对冻干机的进出料系统、制冷系统、板层结构、隔离系统、清洁系统领域进行专利布局，专利申请均集中于冻干机进出料系统和制冷系统。但楚天科技冷冻干燥设备研究更为广泛，还对冻干机的瓶系统进行专利布局。近年来，楚天科技和东富龙科均在对冻干机的在线清洗和在线灭菌功能进行研究，技术发展顺应GB/T 36030—2018标准相关规定。

在灭菌设备领域，楚天科技和新华医疗均对蒸汽灭菌器、水浴灭菌器、脉动真空灭菌器、干热灭菌器进行专利布局，且都取得了一定的研究成果。此外，楚天科技还对灭菌干燥集成设备、灭菌物流系统、在线灭菌设备进行专利布局；新华医疗还对湿热灭菌器、巴氏灭菌器、连续灭菌器、摆动灭菌器等进行专利布局。

在药品包装领域，三家企业的技术研发各有侧重。在灌装设备技术分支，楚天科技起步最早，东富龙起步最晚；楚天科技和新华医疗近期顺应 GB/T 36030—2018 标准相关规定，均在集成灌装机的在线灭菌系统上有专利布局。在灌封一体机技术分支，楚天科技研究范围更广泛，对液体灌封机、吹灌封一体机、卡式瓶灌封机等进行专利布局；新华医疗重视非 PVC 膜制袋灌封机的结构及相关部件技术开发；东富龙重视吹灌封一体机及其相关部件技术开发。在外包装设备技术分支，楚天科技外包装领域专利布局更均衡；东富龙专利申请量更具优势，集中于装盒机及装盒机相关部件；新华医疗专利布局起步最早，重视装箱机及装箱机相关部件的专利布局。

第6章　基于社会网络分析的专利核心技术变迁趋势

本章采用社会网络分析法，以中药制药装备专利为样本，研究中药制药装备行业的核心技术领域及其变迁趋势。

6.1　社会网络分析方法

社会网络分析（Social Network Analysis，SNA）是融合了社会学、心理学、人类学、数学、统计学、通信科学等多种学科的社会学研究方法，始于20世纪30年代，成熟于20世纪70年代[6]，是对社会行动者（Social Actor）及他们之间的关系集合进行分析的方法。社会网络分析的目的是厘清网络中包含的节点及节点之间的关系。因其科学的量化方法，社会网络分析已成为较为常见的定量分析方法，目前已有很多学者将其应用于专利情报挖掘和分析中，使研究者能从宏观、中观、微观等不同的分析层次上获取隐藏在专利文献中的整体和局部的关系特征，充分挖掘专利文献的内部信息。

目前，社会网络分析已被广泛应用于专利引文网络、专利权人合作网络、发明者合作网络等方面的研究。例如2004年，Han和Park使用社会网络分析法分析了波分复用（Wavelength Division Multiplexing，WDM）技术相关专利的技术中心地位指数、技术周期指数等内容，并发现社会网络分析方法较传统的引文分析法更加全面、灵活，可以用来克服传统引文分析的缺点。[7]2007年，Christian Sternitzke等将社会网络分析方法应用于光电领域的发明人及专利权人的合作网和引用网分析。[8]2008年，杨璧嘉和张旭以美国部分专利为例，研究专利网络分析在技术路线图绘制中具体的实施办法和有可能带来的好处。[9]2009年，Inoue等通过分析日本企业之间的合作研发网络，研究日本企业的专利策略，从而了解日本企业创新模式。[10]2012年，Yu等以建筑物的遮阳装置为例，采用文献计量学和社会网络分析方法分析引用和被引用专利之间的关系，发现专利主要传播途径，掌握专利技术与整体产业发展之间的关联，追踪关键技术的发展背景及其传播途径。[11]

此外，社会网络分析还可被应用于IPC分类号共现网络分析，且研究基础良好，为中药制药装备领域技术网络的研究提供了方向及依据。如2016年，周磊和杨威基于IPC分类号挖掘4G技术知识流网络，发现了兼具内聚性和外联性的关键技术子群。[12]2017年，杨仲基等利用社会网络分析方法，构建IPC共现网络和区域－技术2模网络，设计产学研合作专利技术发展趋势分析框架。[13]2019年，Jeong等使用分类号共现和专利引文分析发现核心领域和技术。[14]

6.2 中药制药装备专利核心技术变迁趋势

6.2.1 分析思路

在此以中药制药装备专利的IPC分类号为分析样本，构建其IPC分类号共现网络，找出共现网络中的处于核心地位的IPC分类号，从而确定在该领域其所代表的核心技术领域。在此基础上，加入技术发展的时间维度，可直观显示中药制药装备核心技术领域在不同时间段的技术变迁趋势。

技术共现网络是社会网络在专利分析中的一种表现形式，当一项专利申请同时出现在两个技术领域时，则认为这两个技术领域之间存在共现现象，技术领域间的共现形成了网络中各个节点的链接，节点之间链接的强度则取决于共现的数量，即共现的专利量越多，它们之间的链接强度就越大。[15]

专利的技术领域通常可用IPC分类号来表征。IPC分类号是由世界知识产权组织（WIPO）颁布，代表着该专利技术内容所属的技术领域。某件专利中的多个IPC分类号在某种层面上反映了这些技术之间的关联，可用于分析专利与专利之间、技术与技术之间的直接相关性，以及所研究技术的内部组成和结构。通过研究IPC分类号的共现频次，可衡量学科之间、技术之间的关联程度，寻找技术突破口。通常与其他IPC分类号共现次数最多的IPC分类号就是该共现网络中的核心IPC分类号。这些核心IPC分类号是众多专利的技术基础，包含核心技术信息，可以为专利信息分析及应用提供支持。

在技术共现网络研究中，若删除某个节点或其链接关系，不会使网络中的其他节点或链接关系消失，则表明该网络对该链接或节点没有依赖性，可将其从网络中去除。根据此特性，在分析共现网络时，即使去除网络中所有链接强度较小的节点，其余链接强度均较大的节点不会消失。因此，考虑到共现网络中节点链接的可靠性及可读性，应删除网络中链接较弱的节点，保留链接强度较大的核心节点。基于此，本小节采用SNA研究者塞德曼（Seidman）提出的“m－核”方法进行分析，该法针对当前应用广泛的节点中心度、节点度数等指标分析共现网络时存在因选出弱链接较多的节点，从而导致遗漏某些核心节点的现象。研究者可根据自己的数据量，通过不断设置m值，删除链接强度小于m的连接及孤立点，确定最终的m值，从而提取网络中连接强度最好的子集和识别核心技术。

中药制药装备专利核心技术领域研究技术路线如图6－2－1所示，主要包括提取核心技术识别专利集、构建共现矩阵和共现网络分析。

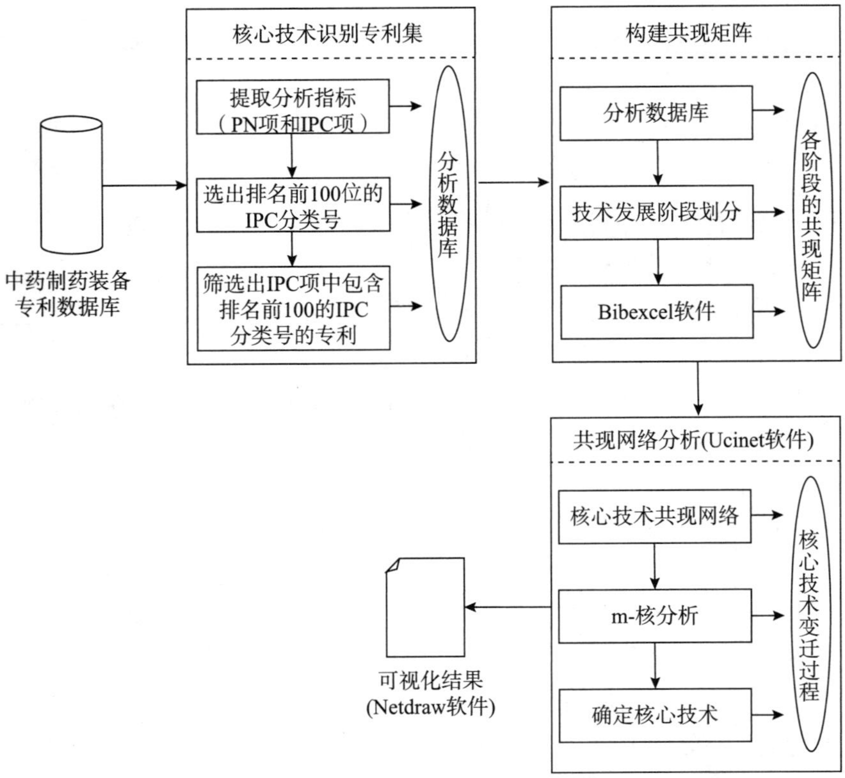

图6-2-1　中药制药装备核心技术领域研究技术路线

6.2.2　分析工具

基于社会网络分析的中药制药装备专利核心技术领域变迁趋势研究主要使用的分析工具包括Bibexcel、Ucinet和Netdraw。

Bibexcel是瑞典于默奥大学（Umea University）信息研究小组（The Information Research Group，Inforsk）普赖斯奖获得者欧莱·皮尔逊教授设计开发的一款用于文献计量分析的免费软件，可用于处理文献数据或文本类型格式的数据[16]，具有小巧实用、功能丰富的特点，在文献计量、引文分析、耦合分析、共现分析等方面具备独特优势。因Bibexcel在可视化结果展示方面相对较差，需将Bibexcel处理好的数据导入可视化软件Ucinet、Pajek、Netdraw中做进一步分析，故本小节主要用Bibexcel构建IPC共现矩阵，其分析界面如图6-2-2所示。

Ucinet是由加州大学欧文（Irvine）分校的一群网络分析者开发，现由斯蒂芬·博加提（Stephen Borgatti）、马丁·埃弗里特（Martin Everett）和林顿·弗里曼（Linton Freeman）进行更新维护的综合性社会网络分析工具，不仅涵盖一维与二维数据分析的NetDraw和三维数据分析软件Mage，同时还集成了Pajek用于大型网络分析的自由应用软件程序。Ucinet软件适用范围广泛，可读取多种格式的文档，如文本文件、KrackPlot、Pajek、Negopy、VNA等格式的文件。它能处理的最大矩阵的网络节点数为32767

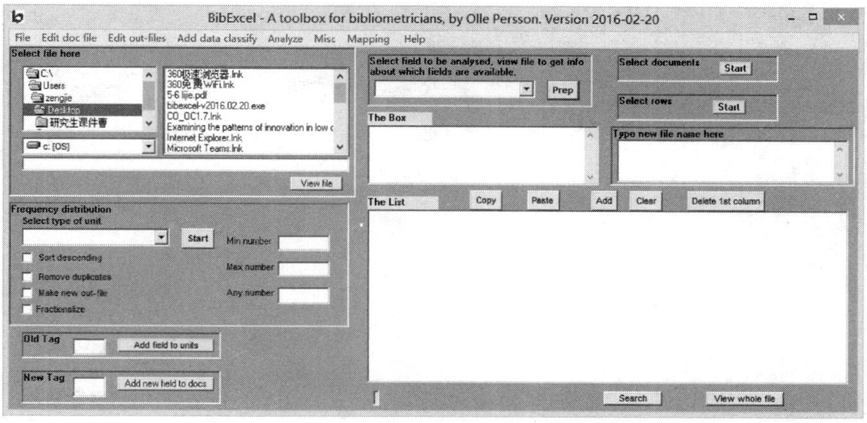

图6-2-2 Bibexcel的分析界面

个，可实现数据的管理、转换和可视化，是目前最流行的，也是最容易上手、最适合新手的社会网络分析软件。本小节主要用Ucinet进行IPC共现网络分析，分析界面如图6-2-3所示。

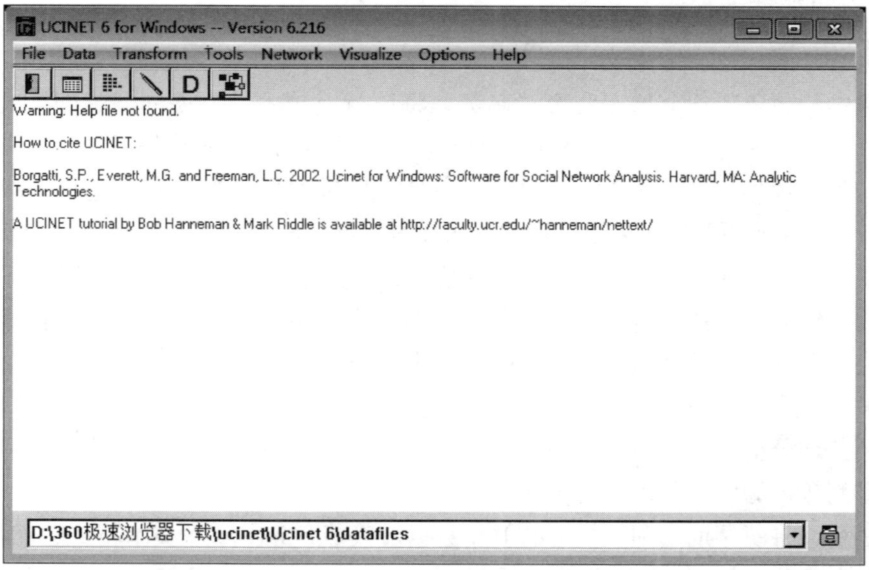

图6-2-3 Ucinet的分析界面

Netdraw是由美国肯塔基州立大学Gatton商学与经济学院管理系的斯蒂夫·博加提（Steve Borgatti）开发的专用于可视化社会网络图的分析软件，一般与Ucinet软件结合使用，对Ucinet的分析结果进行可视化，其分析界面如图6-2-4所示。

图 6-2-4　Netdraw 的分析界面

6.2.3　分析过程

（1）核心技术识别专利集

根据中药制药装备全球专利申请趋势，将该行业技术的发展划分为四个时期：技术萌芽期（1955~1973 年）、技术起步期（1974~1987 年）、平稳发展期（1988~2008年）和快速发展期（2009~2019 年）。因每项发明或实用新型专利都包含 1 个以上的 IPC 分类号，且某些 IPC 分类号出现的频次相对较低，属于技术共现网络中的弱链接节点，需要排除，因此，从每个时间段的专利数据中，筛选出其 IPC 分类号排名为前 100 位的专利，作为核心技术识别专利集（包括技术萌芽期相关专利 520 项、技术起步期相关专利 1426 项、平稳发展期专利 10234 项以及快速发展期相关专利 39687 项）。

（2）构建共现矩阵

利用共词分析软件 Bibexcel 分别对四个时期的专利 IPC 分类号构建共现矩阵。以萌芽期的专利数据为例，具体分析步骤如下：

第一步，将萌芽期专利数据中的 IPC 数据转换成“ipc. txt”文本格式；然后用 Bibexcel 软件打开该文本，通过菜单栏的 Analyze→Any→Separated File→Prep 生成含 IPC 信息的“ipc. out”文件。

第二步，用 Bibexcel 软件对第一步生成的“ipc. out”文件中的 IPC 频次进行分析，具体分析方法为选中频数分布栏“Frequency Distribution”的“Whole String”和“Sort Descending”后，单击“Start”，生成 IPC 频数统计“ipc. cit”文件。

第三步，用 Bibexcel 软件对第二步生成的“ipc. cit”文件做进一步分析。首先，通过菜单栏的 Analyze→Co - occurren→Select Units via Listbox 选出频次排名前 100 位的 IPC 分类号；然后，选中原“ipc. out”文件，通过菜单栏的 Analyze→Co - occurrence→Make Pairs via Listbox，得到 IPC 共现矩阵“ipc. coc”文件。

第四步，用 Bibexcel 软件打开第三步生成的“ipc. coc”文件，通过菜单栏的 Analyze→List Units in Pairs，得到“ipc. ccc”文件。

第五步，打开第四步生成的“ipc. ccc”文件，再选中“ipc. coc”文件，通过菜单栏的 Analyze→Make A Matrix，得到 IPC 关系矩阵“ipc. ma2”文件。表 6－2－1 展示了技术萌芽期部分 IPC 分类号共现矩阵，IPC 出现频数为矩阵对角线上的数据，其他数据为两个 IPC 之间共现的专利数量；因数据过多，在表 6－2－1 中有省略处理。一般来讲，两个 IPC 共现的次数越多，这两个 IPC 之间共性程度和融合性越大。

表 6－2－1 中药制药装备技术萌芽期部分 IPC 分类号共现矩阵 单位：项

	A61J 3/00	B30B 11/08	B01J 2/00	A61J 3/07	B30B 11/02	F26B 5/06	B65B 3/00	……	F26B 17/00
A61J 3/00	41	1	14	1	1	0	0	……	0
B30B 11/08	1	39	0	0	24	0	0	……	0
B01J 2/00	14	0	38	1	0	0	0	……	0
A61J 3/07	1	0	1	36	0	0	1	……	0
B30B 11/02	1	24	0	0	31	0	0	……	0
F26B 5/06	0	0	0	0	0	28	0	……	1
B65B 3/00	0	0	0	1	0	0	23	……	0
B01F 9/00	0	0	1	0	0	0	0	……	0
B01F 7/00	1	0	1	0	0	0	0	……	0
B30B 11/00	1	5	0	0	3	0	0	……	0
B01F 7/16	0	0	0	0	0	0	0	……	0
B01F 13/00	1	0	0	0	0	0	0	……	0
B303B 15/30	0	4	0	0	3	0	0	……	0
B01D 1/22	0	0	0	0	0	0	0	……	0
B01F 15/00	1	0	1	0	0	0	0	……	0
B61J 3/06	4	0	3	1	0	0	0	……	0
B01D 29/00	0	0	0	0	0	0	0	……	0
B01D 11/04	0	0	0	0	0	0	0	……	0
……	……	……	……	……	……	……	……	……	……
F26B 17/00	0	0	0	0	0	1	0	……	4

（3）共现网络分析

利用 Ucinet 软件和 Netdraw 软件分别对四个时期的专利 IPC 分类号的共现矩阵结果进行分析和可视化输出，形成所示的中药制药装备核心技术领域共现网络。对该图进行分析发现，四个时期的链接和节点数量均较多，无法从图中判断出该技术领域每一时期的核心技术领域是哪些，仅能整体上观察中药制药装备技术领域扩散趋势：随着时间推移，中药制药装备技术领域四个时期的核心技术领域联系越来越紧密，并呈现扩散趋势。

为直观、清楚地显示中药制药装备四个时期核心技术领域之间的相互关系，在上述分析的基础上加入“m－核”，对m从0开始取值，并依次加1，逐步去除网络中链接强度小于m值的网络，反复循环，直至选出20个左右的核心技术领域，形成图6－2－5（见文前彩色插图第6页）所示的中药制药装备四个时期的“m－核”核心技术领域共现网络。

一般而言，核心技术领域共现网络中的两节点之间的连线越粗，依赖程度越高，即共同出现在同一项专利中的次数越高；两节点之间的数值越大，两技术间的共现关系越大；节点大小则表示该网络中共现节点的数量。从图6－2－6可以看出，中药制药装备四个发展时期的核心技术领域变化情况如下：

1955～1973年的技术萌芽期，当m值为3时，共选出27个核心技术领域，集中在制剂前处理领域的无搅拌功能的混合设备、具备旋转搅拌功能的混合设备及其附件，制剂成型领域的制粒设备、制丸设备等。

1974～1987年的技术起步期，当m值为14时，共选出22个核心技术领域，集中在制剂前处理领域的具备旋转搅拌功能的混合设备及其附件、分离设备，制剂成型领域的制丸设备、制粒设备、压片设备等。

1988～2008年的平稳发展期，当m值为70时，共选出21个核心技术领域，集中在制剂前处理领域的具备旋转搅拌功能的混合设备及其附件、超滤设备、半透膜分离设备，制剂成型领域的制丸设备、制粒设备、压片设备，制药用水生产设备，灭菌设备领域的紫外线灭菌设备、臭氧灭菌设备等。

2009～2019年的快速发展期，当m值为240时，共选出24个核心技术领域，集中在制剂前处理领域的具备旋转搅拌功能的混合设备及其附件、干燥设备、粉碎设备、筛析设备，灭菌设备领域的蒸汽灭菌设备，药品包装领域的灌装设备等。

6.2.4 分析结果

为了更直观地显示中药制药装备核心技术领域变迁过程和趋势，将时间因素与“m－核”核心技术共现网络结合，得到图6－2－6所示全球中药制药装备核心技术领域变迁趋势。由图6－2－6可知，全球中药制药装备技术所经历经的技术萌芽期、技术起步期、平稳发展期和快速发展期的四个时期中，“具备旋转搅拌功能的混合设备及其附件”始终是全球中药制药装备的核心技术领域，其从单纯的机械化混合设备逐步向模块化、智能化的多功能混合设备变迁；同时，制粒设备、制丸设备和压片设备在经历前三个时期的发展之后，已经逐渐退出全球中药制药装备的核心技术领域。值得注意的是，干燥设备、粉碎设备、筛析设备等成为目前快速发展期备受关注的核心技术领域，也是未来该领域技术研究重点和热点领域。

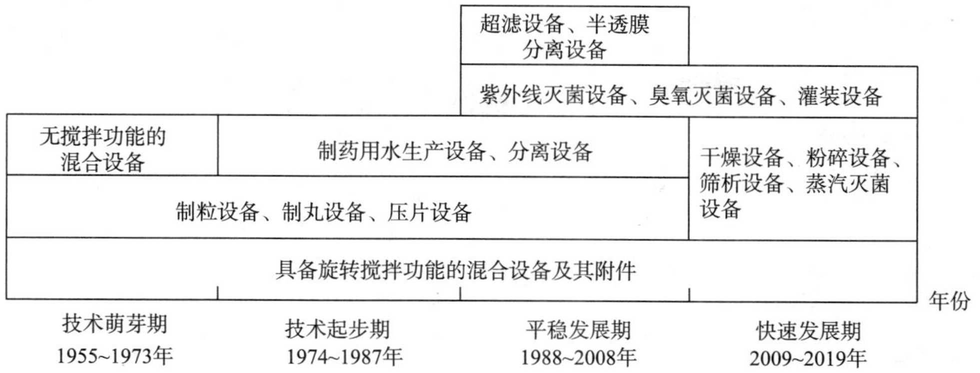

图6-2-6 全球中药制药装备核心技术领域变迁趋势

6.3 小 结

本章使用的社会网络分析法适用于中药制药装备领域专利分析研究。首先，通过Bibexcel共词分析软件分别构建全球中药制药装备四个发展时期的IPC分类号共现网络，建立了中药制药装备核心技术领域识别框架和体系；其次，在Ucinet和Netdraw软件中对中药制药装备四个发展时期的技术共现矩阵进行分析并可视化分析的基础上，利用“m-核”分析方法有效识别共现网路中依赖程度最大、共性强度最强的20个左右的核心IPC分类号；最后，加入技术发展的时间因素，直观展示了中药制药装备核心技术变迁过程和发展趋势。

第7章　结论及建议

7.1 结　　论

（1）专利申请格局

从全球来看，全球中药制药装备专利申请正处于快速增长的阶段；发达国家技术成熟度高，产业发展向发展中国家转移；中国专利申请占全球专利申请量的68%，已成为中药制药装备全球最大的目标市场国；六个一级分支中，制剂前处理、药品包装因为与化药具有通用性，且技术发展时间长，市场需求大，创新主体多，相应专利申请占比最高；炮制为中药特色领域，尤其是炮炙环节，创新门槛高，且无成熟的通用技术可以借鉴，专利申请占比较低。

从中国来看，国内专利近十年来持续快速增长，申请总量已达全球第一，但实用新型占比近七成；国内主要省区市中，药材资源丰富，且形成产业集群的省份专利申请活跃，如江苏省、浙江省、山东省、广东省及安徽省；国内专利运营活动逐步显现，药品封装设备、膜分离设备、滤过设备领域专利运营活跃度较高。

（2）关键技术

1）炮制设备

炮制设备属于中药制药领域特有技术，技术及市场高度集中于中国，中国专利申请占比高达97%；中国以外的国家方面，韩国的道地药材高丽参在国际市场具有较高的知名度，德国在天然药、植物药的风选设备上布局了少量专利；国内最具中药特色的炮炙设备创新不足，反映出国内创新主体对国外成熟技术的依赖性，在没有国外技术借鉴的炮炙领域技术创新程度较低。

2）制丸设备

丸剂设备属于中药制药领域特有技术，滴丸剂作为固体分散制剂新剂型在中药领域的应用，使滴丸设备成为制丸设备中技术发展最为迅速的分支。天士力以滴制、冷凝部件为核心，分离、干燥部件为外围的制丸设备专利布局策略值得借鉴；天士力以滴丸制备工艺为优先权专利，滴丸生产设备为后续专利申请，充分利用优先权制度延长其核心技术的专利申请策略值得借鉴。

3）干燥设备

热风干燥设备作为全球主流设备类型，冷冻干燥、流化床干燥、喷雾干燥等新型干燥设备技术近十年来呈增长趋势；热风干燥为目前干燥设备最主流的干燥方式，除热风干燥外，冷冻干燥、流化床干燥、喷雾干燥、微波干燥等其他更为先进的干燥设备也在快速发展；先进干燥设备全球竞争激烈，业内知名企业多来自丹麦、德国和日本，美国、欧洲是其产品销售和专利布局的主要市场，中国企业走向欧美必然会面临这些企业的专利壁垒；丹麦干燥设备知名企业 Niro 来华布局专利较少，国内企业可充分利用其未进入中国的专利技术。

4）提取设备

全球设备类型以单一型为主，超临界流体、超声波、微波、半仿生等新型提取技术在中药提取设备中的应用尚不充分；国内江浙地区技术创新活跃度较高；江西中医药大学为国内高校代表性申请人其在中药精油提取、提取浓缩一体设备上技术突出，与赫柏康华产学研合作开发智能中药精油提取设备。

5）分离纯化设备

从全球分离纯化设备技术发展来看，滤过设备为国内外热点技术，离心设备、柱色谱设备近十年来呈现一定技术热度；从专利数量排名前五的国家的分离纯化设备类型来看，日本、美国的膜分离设备专利占比最高；从申请人排名来看，美国、日本、韩国在该领域技术优势显著，国内重点企业安徽普源分离、江苏赛德力进入该领域较晚，处于追赶者的角色。

（3）代表性企业

博世公司、IMA 等全球龙头企业技术实力犹存，全球专利布局持续扩张。20 世纪 60 年代，随着世界药品市场的扩大和制药工业的发展，欧美等地区的发达国家的制药装备行业技术开始快速发展。20 世纪 80 年代后，国际制药装备市场逐步形成了以德国博世公司、意大利 IMA 等知名企业为主导的竞争格局，它们在全球布局大量专利。20 世纪 90 年代以来，随着中国等亚洲地区的市场逐步开放，这些公司持续在亚洲展开专利布局，如在中国实施药品 GMP 规范之前，博世公司在中国投资建厂，随着其产品（胶囊填充机、包装机）在中国的问世，以及公司规模化发展，其中国专利布局如影随形，为其市场开拓保驾护航。

楚天科技、新华医疗、东富龙等中国上市企业在全球冷冻干燥设备、药品包装设备领域崭露头角。20 世纪 90 年代末，随着我国制药企业大规模 GMP 认证改造的实行，国内制药装备企业迎来了快速发展的良好时机。以楚天科技、新华医疗、东富龙等为代表的制药装备企业逐步打破了国际知名企业对国内制药装备市场的垄断，凭借自主创新和成本优势，尤其在冷冻干燥设备、药品包装设备领域，已成为国际市场上强有力的竞争者，并且随着企业上市，形成了持续发展的良好态势。

（4）社会网络分析

中药制药装备核心技术领域包括制剂前处理领域的无搅拌功能的混合设备、具备旋转搅拌功能的混合设备及其附件、分离设备、干燥设备、筛析设备、超滤设备和半透膜设备，制剂成型领域的制粒设备、制丸设备、压片设备，制药用水生产设备，灭菌设备领域的蒸汽灭菌设备、紫外线灭菌设备、臭氧灭菌设备及药品包装领域的灌装设备。全球中药制药装备技术所经历的萌芽期、起步期、平稳发展期和快速发展期这四个时期中，“具备旋转搅拌功能的混合设备及其附件”始终是全球中药制药装备的核心技术领域，其从单纯的机械化混合设备逐步向模块化、智能化的多功能混合设备变迁；同时，制粒设备、制丸设备和压片设备在经历前三个时期的发展之后，已经逐渐退出全球中药制药装备的核心技术领域。值得注意的是，干燥设备、粉碎设备、筛析设备等成为快速发展期中备受关注的核心技术领域，也是未来该领域技术研究的重点和热点领域。

7.2 建　　议

近年来，国家重视制药装备产业发展，发布多项政策鼓励产业发展。《医药工业发展规划指南》指出“引导企业重组整合，构建分工协作、绿色低碳、智能高效的先进制造体系，提高产品集中度和生产集约化水平。”《产业结构调整指导目录（2019年本，征求意见稿)》中鼓励“高端制药设备开发与生产……中药高效提取设备、中药饮片连续柔性生产设备、连续化固体制剂生产设备”。基于上述制药装备产业专利分析及政策环境，为推动我国中药制药装备产业发展提出以下建议：

（1）炮制技术为中国特有，需加强炮制技术和设备的原始创新，知难而上，从“工业1.0”迈向“工业3.0”；建议以中药炮炙、中药滴丸等中药特色技术和工艺为突破点，从技术和设备高效、高质、低耗、绿色等角度深入研究，通过中药制药工艺优化带动设备创新发展。

（2）结合产业情况，建议开发“产地加工和炮制一体化”的先进设备，推动国内中药企业向中药材产地延伸产业链，降低加工成本，提升药材质量，进一步推进中药材产地加工规模化、标准化、集约化，打造品牌中药材。

（3）设备创新依赖于工艺技术创新。应加强中药产品及中药制药生产工艺技术创新，实现“产品—工艺技术—设备“的创新研究与保护模式。

（4）基于制药装备行业的特殊性，更加突出加强产学研结合，以国内高校院所创新技术为依托，或从食品、农业等领域吸取经验，结合中药生产特点，致力于开发智能高效、节能降耗的设备，突破专利壁垒，加快实现中药制药装备的升级换代。

（5）在竞争激烈的干燥设备领域，充分利用行业巨头前期尚未进入中国的专利技术；同时针对行业巨头在华的重点专利布局，加强国内企业知识产权风险防范意识。

（6）国内中药制药设备企业向国外申请专利的数量很少，国内企业需进一步加强创新技术在国外市场的专利保护意识。

参考文献

[1] 国家统计局. 国民经济行业分类：GB/T 4754—2017 [S/OL]. (2017 - 09 - 29) [2020 - 03 - 17]. http：//www. stats. gov. cn/tjsj/tjbz/201709/t20170929_1539288. html.

[2] 国家统计局. 知识产权（专利）密集型产业统计分类（2019）：国家统计局令第 25 号 [S/OL]. (2019 - 04 - 09) [2019 - 12 - 12]. http：//www. stats. gov. cn/tjgz/tzgb/201904/t20190409_1658542. html.

[3] 石青. 中国制药装备行业改革开放 30 年画册 [M]. 北京：社会科学文献出版社，2010：4 - 60.

[4] 全国制药机械博览会官网. 第 57 届全国制药机械博览会单位及展位对照表 [EB/OL]. (2018 - 12 - 31) [2019 - 06 - 12]. http：//www. cipm - expo. com/w/cgzn_57/blhcgzn. html.

[5] 邓奕，董洁，戾铁梅. 我国制药装备行业的现状及趋势 [C] //北京科学技术情报学会. 2017 年北京科学技术情报学会年会 - “科技情报发展助力科技创新中心建设”论坛论文集. 北京：北京科学技术情报学会，2017：219 - 222.

[6] 周晔，潘美娟，周源，等. 社会网络分析在专利知识网络中的应用 [J]. 科技进步与对策，2015，32 (18)：138 - 144.

[7] HAN Y J, PARK Y. Patent network analysis of inter - industrial knowledge flows：the case of korea between traditional and emerging industries [EB/OL]. (2006 - 04 - 19) [2020 - 03 - 17]. https：//www. sciencedirect. com/science/article/pii/S0172219006000159.

[8] STERNITZKE C, BARTKOWSKI A, SCHRAMM R. Visualizing patent statistics by means of social network analysis tools [EB/OL]. (2007 - 10 - 01) [2020 - 03 - 17]. https：//www. sciencedirect. com/science/article/pii/S0172219007001366.

[9] 杨璧嘉，张旭. 专利网络分析在技术路线图中的应用 [J]. 现代图书情报术，2008 (5)：61 - 66.

[10] INOUE H, SOUMA W, TAMADA S. Analysis of cooperative research and development networks on japanese patents [EB/OL]. (2009 - 10 - 15) [2020 - 03 - 17]. https：//www. sciencedirect. com/science/article/abs/pii/S175115770900073X.

[11] YU Y H, YI K J, YENG H P. Using patent data to explore technology trajectory and trends of shading device [EB/OL]. [2020 - 03 - 17]. https：//www. scientific. net/AMR. 403 - 408. 3402.

[12] 周磊，杨威. 基于专利 IPC 的技术知识流网络挖掘 [J]. 现代情报，2016，36 (1)：45 - 50.

[13] 杨仲基，王宏起，李玥. 基于社会网络方法的产学研合作专利技术发展趋势研究 [J]. 情报科学，2017 (7)：134 - 139.

[14] JEON J, SUH Y. Multiple patent network analysis for identifying safety technology convergence [EB/OL]. (2009 - 07 - 01) [2020 - 03 - 17]. https：//www. emerald. com/insight/content/doi/10. 1108/DTA - 09 - 2018 - 0077/full/html.

[15] 张杰，刘粉香，翟东升，等. 基于共现网络的核心技术领域识别研究［J］. 情报杂志，2012，31（11）：36－39.

[16] LEE W H. How to identify emerging research fields using scientometrics：an example in the field of information security［EB/OL］.（2008－07－12）［2020－03－17］. https：//link. springer. com/article/10. 1007%2Fs11192－007－1898－2.

附录 申请人名称约定表*

约定名称	申请人或专利权人
楚天科技	楚天科技股份有限公司
	长沙楚天包装机械有限公司
	长沙楚天科技有限公司
	TRUKING TECHNOLOGY LIMITED
新华医疗	山东新华安得医疗用品有限公司
	山东新华医疗器械股份有限公司
东富龙	上海东富龙科技股份有限公司
	上海东富龙科技有限公司
	上海东富龙拓溥科技有限公司
	上海东富龙制药设备制造有限公司
	上海驭发制药设备有限公司
	上海共和真空技术有限公司
	上海东富龙爱瑞思科技有限公司
科伦药业	成都青山利康药业有限公司
	崇州君健塑胶有限公司
	贵州科伦药业有限公司
	河南科伦药业有限公司
	湖北科伦药业有限公司
	湖南科伦制药有限公司
	江西科伦药业有限公司
	昆明南疆制药有限公司
	辽宁民康制药有限公司
	山东科伦药业有限公司
	四川科伦药业股份有限公司
	四川科伦药业股份有限公司仁寿分公司
	伊犁川宁生物技术有限公司
	浙江国镜药业有限公司

* 该表从相关专利检索系统中导出，原样呈现以方便读者查询。

续表

约定名称	申请人或专利权人
博世公司	BOSCH GMBH ROBERT
	ROBERT BOSCH GMBH
	罗伯特 博世有限公司
	博世包装技术有限公司
	博世包装技术（杭州）有限公司
JVM CO LTD	BABCOCK HITACHI KK
日立公司	HITACHI ALOKA MEDICAL LTD
	HITACHI BUILDING SYSTEMS CO LTD
	HITACHI CABLE
	HITACHI CABLE LTD
	HITACHI CHEMICAL CO LTD
	HITACHI IND CO LTD
	HITACHI IND EQUIPMENT SYS
	HITACHI INDUSTRIAL EQUIPMENT SYSTEMS CO LTD
	HITACHI KOKI CO LTD
	HITACHI KOKI KK
	HITACHI KOKO CO LTD
	HITACHI METALS LTD
	HITACHI LTD
	HITACHI MAXELL
	HITACHI MAXELL LTD
	HITACHI PLANT ENG CONSTR CO
	HITACHI PLANT ENG CONSTR CO LTD
	HITACHI PLANT TECHNOLOGIES LTD
	HITACHI VEHICLE ENERGY LTD
	KUROSAKI REFRACT CO LTD
	TOKICO LTD
	日立工机株式会社
	日立化成工业株式会社
	HITACHI SCI SYST：KK
	HITACHI CAR ENG CO LTD

续表

约定名称	申请人或专利权人
日立公司	HITACHI ENG CO LTD
	HITACHI MICRO COMPUT ENG LTD
	HITACHI TAGA TECHNOL KK
	HITACHI TECHNO ENG
	HITACHI TECHNO ENG CO LTD
	HITACHI TOKYO ELECTRON CO LTD
	HITACHI TAGA ENG LTD
IMA	IMA INDUSTRIA MACCHINE AUTOMATICHE SPA
	IMA 工业机械自动装置股份公司
三菱公司	三菱重工业株式会社
	三菱瓦斯化学株式会社
	三菱丽阳株式会社
	三菱丽阳工程株式会社
	三菱电机株式会社
	吉富制药株式会社
	TANABE SEIYAKU CO
	MITSUBISHI TANABE PHARMA CORPORATION
	MITSUBISHI RAYON ENG
	MITSUBISHI RAYON CO LTD
	MITSUBISHI RAYON CO
	MITSUBISHI PLASTICS IND
	MITSUBISHI PAPER MILLS LTD
	MITSUBISHI MATERIALS CORP
	MITSUBISHI HEAVY INDUSTRIES LTD
	MITSUBISHI HEAVY INDUSTRIES FOOD PACKAGING MACHINERY CO LTD
	MITSUBISHI HEAVY IND LTD
	MITSUBISHI HEAVY IND FOOD PA
	MITSUBISHI GAS CHEMICAL CO
	MITSUBISHI ELECTRIC CORP
	MITSUBISHI CORP
	MITSUBISHI CHEMICAL CORPORATION
	MITSUBISHI CHEM CORP

续表

约定名称	申请人或专利权人
栗田工业	KURITA WATER IND LTD
	KURITA WATER INDUSTRIES LTD
	栗田工业株式会社
中科院所	INSTITUTE OF PROCESS ENGINEERING CHINESE ACADEMY OF SCIENCES
	SHANGHAI INSTITUTE OF MATERIA MEDICA CHINESE ACADEMY OF SCIENCES
	佛山市中国科学院上海硅酸盐研究所陶瓷研发中心
	安徽循环经济技术工程院
	中国科学院安徽光学精密机械研究所
	中国科学院成都生物研究所
	中国科学院大连化学物理研究所
	中国科学院等离子体物理研究所
	中国科学院福建物质结构研究所
	中国科学院高能物理研究所
	中国科学院工程热物理研究所
	中国科学院广州地球化学研究所
	中国科学院广州能源研究所
	中国科学院化学研究所
	中国科学院金属研究所
	中国科学院过程工程研究所
	中国科学院昆明植物研究所
	中国科学院力学研究所
	中国科学院上海硅酸盐研究所
	中国科学院生物物理研究所
	中国科学院微电子研究所
	中国科学院武汉植物园
	中国科学院物理研究所
	中国科学院新疆理化技术研究所
	中国科学院长春光学精密机械与物理研究所
	中国科学院长春应用化学研究所

续表

约定名称	申请人或专利权人
中科院所	中国科学院化工冶金研究所
	中科院广州化学有限公司
	中国科学院成都有机化学有限公司
	中国科学院长春应用化学研究所
	中国科学院化工冶金研究所
	中国医学科学院药物研究所
	中科院广州化学有限公司
	中国科学院成都有机化学有限公司
华润集团	安徽华润金蟾药业股份有限公司
	安徽双鹤药业有限责任公司
	安徽双鹤药用包装有限公司
	北京万辉双鹤药业有限责任公司
	佛山双鹤药业有限责任公司
	华润三九（郴州）制药有限公司
	华润三九（雅安）药业有限公司
	华润三九（枣庄）药业有限公司
	华润双鹤药业股份有限公司
	江苏淮安双鹤药业有限责任公司
	北京双鹤制药装备有限责任公司
	深圳九星印刷包装集团有限公司
	深圳三九药业有限公司
	武汉滨湖双鹤药业有限责任公司
	雅安三九药业有限公司
颇尔公司	PALL CORP
	PALL CORPORATION
	帕尔公司
松下集团	MATSUSHITA ELECTRIC IND CO LTD
	MATSUSHITA ELECTRIC INDUSTRIAL CO LTD
	MATSUSHITA REFRIG CO LTD
	SANYO ELECTRIC CO LTD
	SANYO ELECTRIC BIOMEDICAL CO LTD

续表

约定名称	申请人或专利权人
松下集团	PANASONIC CORPORATION
	PANASONIC CORPORATION5821
	三洋电机空调株式会社
	特凯三洋工业株式会社
	三洋电机股份有限公司
	三洋电机株式会社
	松下电工株式会社
	松下健康医疗器械株式会社
中国石化	中石化上海工程有限公司
	中石化三菱化学聚碳酸酯（北京）有限公司
	中石化宁波技术研究院有限公司
	中石化宁波工程有限公司
	中石化炼化工程（集团）股份有限公司
	中国石油化工总公司抚顺石油化工研究院
	中国石油化工集团公司抚顺石油化工研究院
	中国石油化工集团公司
	中国石油化工股份有限公司西南油气分公司
	中国石油化工股份有限公司石油化工科学研究院
	中国石油化工股份有限公司上海石油化工研究院
	中国石油化工股份有限公司抚顺石油化工研究院
	中国石油化工股份有限公司北京化工研究院
	中国石化仪征化纤股份有限公司
	中国石化扬子石油化工有限公司
	中国石化上海石油化工股份有限公司
	中国石化集团四川维尼纶厂
	中国石化集团上海工程有限公司
	中国石化股份胜利油田分公司采油工艺研究院
	胜利石油管理局钻井工艺研究院
	胜利石油管理局工程机械总厂
	北京聚菱燕塑料有限公司

续表

约定名称	申请人或专利权人
GLATT	FIRMA GLATT GMBH
	GLATT
	GLATT AIR TECH INC
	GLATT AIR TECHNIQUES INC
	GLATT GMBH
	GLATT GMBH 79589 BINZEN DE
	GLATT INGENIEURTECHNIK GMBH
	GLATT INGTECH GMBH
	GLATT INZhEN´ERTEKhNIK GMBKh
	GLATT KLIMAANLAGEN
	GLATT MASCHINEN APPARATEBAU
	GLATT MASCHINEN APPBAU AG
	GLATT MASCHINEN UND APPARATEBAU AG
	GLATT MASCHINEN UND APPARATEBAU AG PRATTELN CH
	GLATT MASCHINEN - UND APPARATEBAU AG, PRATTELN, CH
	GLATT PROCESS TECHNOLOGY GMBH
	GLATT SYSTEMTECHNIK DRESDEN
	GLATT SYSTEMTECHNIK DRESDEN GMBH
	GLATT SYSTEMTECHNIK GMBH
	GLATT SYSTEMTECHNIK GMBHDRESDEN 01277 DEDresden01277DEDE
	GLATT W
	GLATT WERNER
	WERNER GLATT
	Werner GLATT GmbH
	格拉特工程技术有限公司
	格拉特机器设备有限公司
	格拉特瑞士机器和控制有限公司
	GLATT MASCHINEN UND APPARATEBAU AGPRATTELN CHPRATTELNCHCH
	GLATT GMBHBINZEN 79589 DEBINZEN79589DEDE

续表

约定名称	申请人或专利权人
浙江大学	浙江大学
	浙江大学城市学院
	浙江大学宁波理工学院
	浙江大学台州研究院
	浙江大学舟山海洋研究中心
富阳康华制药机械	杭州富阳康华制药机械有限公司
	富阳康华制药机械有限公司
	富阳中康机械有限公司
天士力集团	天士力制药集团股份有限公司
	天津天士力制药股份有限公司
Niro	NIRO A/S
	NIRO HOLDING A/S
	NIRO ATOMIZER
	尼罗有限公司
	尼罗公司
	尼罗喷雾器公司
	尼罗控股有限公司
	尼罗阿托麦瑟公司

图索引

图 1-1-1　制药装备、中药制药装备及其关键技术从属关系　(1)
图 2-1-1　中药制药装备全球专利申请趋势　(8)
图 2-1-2　中药制药装备全球专利申请目标国/地区分布　(9)
图 2-1-3　中药制药装备主要目标市场国专利申请占比变化趋势　(9)
图 2-1-4　中药制药装备一级技术分支全球专利技术构成　(12)
图 2-1-5　中药制药装备一级技术分支全球专利申请趋势　(13)
图 2-2-1　中药制药装备中国专利申请趋势　(14)
图 2-2-2　中药制药装备中国各省区市专利申请量占比　(15)
图 2-2-3　中药制药装备中国专利申请量排名前十的申请人的排名情况　(15)
图 2-2-4　中药制药装备一级技术分支中国专利技术构成　(16)
图 2-2-5　中药制药装备一级技术分支中国专利申请趋势　(17)
图 2-2-6　中药制药装备中国专利法律状态占比　(17)
图 2-2-7　中药制药装备中国专利许可和转让趋势　(18)
图 3-1-1　炮制设备全球专利主要目标市场国/地区分布　(20)
图 3-1-2　炮制设备全球专利主要技术来源国/地区分布　(21)
图 3-1-3　炮制设备中国专利申请趋势　(21)
图 3-1-4　长春制药机械厂炮制设备早期专利　(22)
图 3-1-5　周口制药机械厂炮制设备早期专利　(22)
图 3-1-6　炮制设备中国主要省区市专利数量占比　(23)
图 3-1-7　炮制设备中国专利数量排名前十的申请人的申请量　(24)
图 3-1-8　炮制设备二级技术分支专利申请量及专利类型分布　(25)
图 3-1-9　炮制设备中国专利技术发展路线　(26)
图 3-1-10　炮制设备中国失效专利寿命分布　(27)
图 3-2-1　制丸设备全球专利申请趋势　(29)
图 3-2-2　制丸设备全球专利目标市场国/地区分布　(29)
图 3-2-3　制丸设备全球专利技术来源国/地区分布　(30)
图 3-2-4　制丸设备全球专利数量排名前十的申请人的申请量　(30)
图 3-2-5　制丸设备全球专利技术构成　(31)
图 3-2-6　制丸设备中国专利申请趋势　(31)
图 3-2-7　制丸设备中国专利申请量排名前十的省区市　(32)
图 3-2-8　中药滴丸生产流程　(33)
图 3-2-9　天士力集团滴丸设备专利技术构成　(34)
图 3-2-10　天士力集团滴丸设备专利技术效果　(34)
图 3-2-11　天士力集团中药滴丸设备专利技术布局　(彩图 1)
图 3-2-12　天士力集团中药滴丸设备冷凝系统专利技术路线　(彩图 2)
图 3-2-13　天士力集团中药滴丸设备冷凝系统专利解决的技术问题或产生的技术功效　(35)
图 3-2-14　天士力集团中药滴丸设备滴制系统专利技术路线　(35)

图3-2-15 天士力集团中药滴丸设备滴制系统专利解决的技术问题或产生的技术功效 （36）
图3-3-1 干燥设备全球专利申请趋势 （38）
图3-3-2 干燥设备全球专利目标市场国/地区占比 （39）
图3-3-3 干燥设备全球技术来源国/地区占比 （39）
图3-3-4 干燥设备全球专利技术构成 （40）
图3-3-5 干燥设备重点技术分支专利申请趋势 （41）
图3-3-6 干燥设备全球专利技术发展路线（43）
图3-3-7 干燥设备中国专利申请趋势 （44）
图3-3-8 干燥设备中国主要省区市专利申请量占比 （44）
图3-3-9 干燥设备专利申请量中国排名前十的省区市的专利类型占比 （45）
图3-3-10 干燥设备中国专利转让和许可趋势 （46）
图3-3-11 全球干燥设备业内知名企业专利技术来源与目标市场 （47）
图3-3-12 干燥设备重点技术分支全球知名企业专利布局 （彩图2）
图3-3-13 丹麦Niro发展历史 （47）
图3-3-14 丹麦Niro来华专利布局 （彩图3）
图3-4-1 提取设备全球专利申请趋势 （49）
图3-4-2 提取设备全球专利目标市场国/地区占比 （50）
图3-4-3 提取设备全球技术来源国/地区占比 （50）
图3-4-4 提取设备全球专利主要申请人申请量排名 （50）
图3-4-5 提取设备技术分支全球专利占比 （51）
图3-4-6 提取设备重点技术分支全球专利申请趋势 （51）
图3-4-7 单一型提取设备全球专利技术构成（52）
图3-4-8 提取设备全球专利技术发展路线（彩图4）
图3-4-9 提取设备中国专利申请趋势 （53）
图3-4-10 提取设备中国主要省区市专利申请量占比 （54）
图3-4-11 提取设备专利申请量排名前十的省区市专利类型占比 （55）
图3-4-12 上海远跃制药提取设备专利技术发展路线 （57）
图3-4-13 浙江温兄机械提取设备专利技术发展路线 （58）
图3-4-14 江西中医药大学提取设备专利技术发展路线 （59）
图3-4-15 江西中医药大学产学研合作案例“中药精油智能提取设备” （60）
图3-4-16 提取设备中国专利转让和许可趋势 （61）
图3-5-1 分离纯化设备全球专利申请趋势（63）
图3-5-2 分离纯化设备全球专利目标市场国/地区占比 （64）
图3-5-3 分离纯化设备技术来源国/地区专利占比 （64）
图3-5-4 分离纯化设备全球专利申请量排名前十的申请人的申请量 （65）
图3-5-5 分离纯化设备全球专利技术构成（67）
图3-5-6 分离纯化设备各技术分支专利申请趋势 （68）
图3-5-7 分离纯化设备全球三方专利申请人申请量排名 （69）
图3-5-8 分离纯化设备中国专利申请趋势（70）
图3-5-9 分离纯化设备中国主要省区市专利申请量占比 （71）
图3-5-10 分离纯化设备中国专利申请量排名前十的申请人 （73）
图3-5-11 分离纯化设备中国专利转让和许可趋势 （74）
图4-1-1 博世公司制药装备全球专利申请趋势 （76）
图4-1-2 博世公司制药装备全球专利申请国/地区分布 （77）
图4-1-3 博世公司制药装备全球专利技术构

成 （77）
图4-1-4 博世公司制药装备在华专利申请趋势 （78）
图4-1-5 博世公司制药装备在华专利技术构成 （78）
图4-1-6 博世包装制药装备产品在华发展历程及专利布局 （79）
图4-1-7 博世公司制药装备全球专利技术路线 （彩图5）
图4-1-8 CN201180061303.9 技术方案示意图 （82）
图4-1-9 CN201080047268.0 技术方案示意图 （83）
图4-1-10 CN201080029899.X 技术方案示意图 （83）
图4-1-11 CN201180059868.3 技术方案示意图 （84）
图4-1-12 CN201080049513.1 技术方案示意图 （84）
图4-2-1 IMA 制药装备全球专利申请趋势 （85）
图4-2-2 IMA 制药装备全球专利申请国/地区分布 （86）
图4-2-3 IMA 制药装备全球专利技术构成 （86）
图4-2-4 IMA 制药装备在华专利申请趋势 （87）
图4-2-5 IMA 制药装备在华专利技术构成 （87）
图4-2-6 IMA 制药装备全球专利技术发展路线 （88）
图4-2-7 CN201080034622.6 技术方案示意图 （91）
图4-2-8 CN201080068427.5 技术方案示意图 （91）
图4-2-9 CN201180040272.9 技术方案示意图 （92）
图4-2-10 CN201680031637.4 技术方案示意图 （93）
图4-2-11 CN201280034005.5 技术方案示意图 （93）
图4-3-1 GLATT 制药装备全球专利申请趋势 （94）
图4-3-2 GLATT 制药装备全球专利申请国/地区布局 （95）
图4-3-3 GLATT 制药装备全球专利技术构成 （95）
图4-3-4 GLATT 制药装备全球专利技术发展路线 （96）
图4-3-5 CN201480019757.3 技术方案示意图 （98）
图4-3-6 CN201380030026.4 技术方案示意图 （98）
图4-3-7 CN201180042754.8 技术方案示意图 （99）
图4-3-8 CN201280022914.7 技术方案示意图 （99）
图4-3-9 US15457010 技术方案示意图 （100）
图5-1-1 楚天科技中药制药装备全球专利申请趋势 （101）
图5-1-2 楚天科技中药制药装备全球专利申请国/地区分布 （102）
图5-1-3 楚天科技中药制药装备全球专利技术构成占比 （103）
图5-1-4 楚天科技药品包装设备和制剂前处理设备二级分支技术构成 （104）
图5-1-5 楚天科技药品包装设备专利技术发展路线 （106）
图5-1-6 楚天科技冷冻干燥设备专利技术路线 （107）
图5-1-7 楚天科技灭菌设备专利技术路线 （108）
图5-1-8 专利“CN200520050252.1 防跳塞装置”权利要求书 （114）
图5-2-1 新华医疗中药制药装备全球专利申请趋势 （115）
图5-2-2 新华医疗中药制药装备专利技术构成占比 （116）
图5-2-3 新华医疗药品包装二级分支技术构成 （117）
图5-2-4 新华医疗灭菌设备专利技术发展路线 （118）

图5-2-5 新华医疗药品包装设备专利技术发展路线 （119）
图5-3-1 东富龙中药制药装备全球专利申请趋势 （126）
图5-3-2 东富龙中药制药装备专利技术构成占比 （126）
图5-3-3 东富龙药品包装设备和制剂前处理设备二级分支技术构成 （128）
图5-3-4 东富龙药品包装设备专利技术发展路线 （129）
图5-3-5 东富龙冷冻干燥设备专利技术发展路线 （130）
图6-2-1 中药制药装备核心技术领域研究技术路线 （140）
图6-2-2 Bibexcel的分析界面 （141）
图6-2-3 Ucinet的分析界面 （141）
图6-2-4 Netdraw的分析界面 （142）
图6-2-5 中药制药装备“m-核”核心技术领域共现网络 （彩图6）
图6-2-6 全球中药制药装备核心技术领域变迁趋势 （145）

表 索 引

表1-2-1　中药制药装备技术分解　(4)

表1-3-1　中药制药装备专利检索结果　(6)

表2-1-1　中药制药装备全球发明专利技术来源国/地区　(10)

表2-1-2　中药制药装备全球主要技术来源国专利输出情况　(11)

表2-1-3　中药制药装备全球专利申请量排名前20位的申请人及其发明专利占比　(11~12)

表2-2-1　中药制药装备中国专利申请量排名前五的申请人的专利情况　(16)

表3-1-1　炮制设备中国专利申请量排名前十的省区市专利类型对比　(24)

表3-1-2　炮制设备中国专利申请人类型及申请情况　(25)

表3-1-3　炮制设备中国专利申请类型及法律状态　(27)

表3-1-4　业内代表性饮片生产企业炮制设备专利申请现状　(27)

表3-2-1　制丸设备中国专利申请量排名前十的省区市申请人类型占比　(32)

表3-2-2　制丸设备中国专利申请类型及法律状态　(33)

表3-2-3　CN201310290968.8及同族专利　(36)

表3-2-4　CN201310291464.8及同族专利　(37)

表3-3-1　美国、日本的代表性原创制药干燥设备　(39)

表3-3-2　干燥设备主要技术来源国专利技术构成　(41)

表3-3-3　干燥设备中国专利申请类型及法律状态　(45)

表3-3-4　制药干燥设备领域业内知名企业及相关专利申请情况　(46)

表3-4-1　提取设备专利申请量排名前十的省区市各技术分支专利申请量及占比　(54)

表3-4-2　提取设备专利申请量排名前十的省区市申请人类型　(55~56)

表3-4-3　提取设备中国专利申请类型及法律状态　(60)

表3-4-4　提取设备中国专利排名前十的转让方及其受让方　(61)

表3-5-1　分离纯化设备全球专利申请量排名前五的申请人的历年申请趋势　(65~66)

表3-5-2　分离纯化设备主要目标市场国/地区专利技术构成　(69)

表3-5-3　分离纯化设备专利申请量中国排名前十的省区市2000~2019年的专利申请分布　(71~72)

表3-5-4　分离纯化设备专利申请量中国排名前十的省区市的专利技术构成　(72)

表3-5-5　分离纯化设备中国专利申请量排名前五的申请人的专利情况　(73)

表3-5-6　分离纯化设备中国专利申请类型及法律状态　(74)

表4-1-1　博世公司制药装备重点专利　(80~81)

表4-2-1　IMA制药装备重点专利　(89~90)

表4-3-1　GLATT制药装备在华专利申请　(95)

表4-3-2　GLATT制药装备重点专利　(96~97)

表5-1-1　楚天科技中药制药装备专利申请类型及法律状态　(102)

表5-1-2　楚天科技中药制药装备一级分支全球专利历年申请量分布　(103~104)

表5-1-3　楚天科技药品包装设备领域重点专利　(109)

表5-1-4 楚天科技冷冻干燥设备领域重点专利 （111）
表5-1-5 楚天科技灭菌设备领域重点专利（113）
表5-2-1 新华医疗中药制药装备专利申请类型及法律状态 （116）
表5-2-2 新华医疗中药制药装备一级分支全球专利历年申请量分布 （116～117）
表5-2-3 新华医疗灭菌设备领域重点专利（120）
表5-2-4 新华医疗药品包装设备领域重点专利 （122）
表5-2-5 新华医疗中药制药装备许可专利详情 （125）
表5-3-1 东富龙中药制药装备专利申请类型及法律状态 （126）
表5-3-2 东富龙中药制药装备一级分支全球专利历年申请量分布 （127）
表5-3-3 东富龙药品包装领域重点专利 （131）
表5-3-4 东富龙冷冻干燥设备领域重点专利（133）
表5-3-5 东富龙中药制药装备合作研发专利（135）
表6-2-1 中药制药装备技术萌芽期部分 IPC 分类号共现矩阵 （143）

书　号	书　名	产 业 领 域	定价	条　码
9787513006910	产业专利分析报告（第 1 册）	薄膜太阳能电池 等离子体刻蚀机 生物芯片	50	9 787513 006910 >
9787513007306	产业专利分析报告（第 2 册）	基因工程多肽药物 环保农业	36	9 787513 007306 >
9787513010795	产业专利分析报告（第 3 册）	切削加工刀具 煤矿机械 燃煤锅炉燃烧设备	88	9 787513 010795 >
9787513010788	产业专利分析报告（第 4 册）	有机发光二极管 光通信网络 通信用光器件	82	9 787513 010788 >
9787513010771	产业专利分析报告（第 5 册）	智能手机 立体影像	42	9 787513 010771 >
9787513010764	产业专利分析报告（第 6 册）	乳制品生物医用 天然多糖	42	9 787513 010764 >
9787513017855	产业专利分析报告（第 7 册）	农业机械	66	9 787513 017855 >
9787513017862	产业专利分析报告（第 8 册）	液体灌装机械	46	9 787513 017862 >
9787513017879	产业专利分析报告（第 9 册）	汽车碰撞安全	46	9 787513 017879 >
9787513017886	产业专利分析报告（第 10 册）	功率半导体器件	46	9 787513 017886 >
9787513017893	产业专利分析报告（第 11 册）	短距离无线通信	54	9 787513 017893 >
9787513017909	产业专利分析报告（第 12 册）	液晶显示	64	9 787513 017909 >
9787513017916	产业专利分析报告（第 13 册）	智能电视	56	9 787513 017916 >
9787513017923	产业专利分析报告（第 14 册）	高性能纤维	60	9 787513 017923 >
9787513017930	产业专利分析报告（第 15 册）	高性能橡胶	46	9 787513 017930 >
9787513017947	产业专利分析报告（第 16 册）	食用油脂	54	9 787513 017947 >
9787513026314	产业专利分析报告（第 17 册）	燃气轮机	80	9 787513 026314 >
9787513026321	产业专利分析报告（第 18 册）	增材制造	54	9 787513 026321 >

书　号	书　名	产业领域	定价	条　码
9787513026338	产业专利分析报告（第 19 册）	工业机器人	98	9 787513 026338
9787513026345	产业专利分析报告（第 20 册）	卫星导航终端	110	9 787513 026345
9787513026352	产业专利分析报告（第 21 册）	LED 照明	88	9 787513 026352
9787513026369	产业专利分析报告（第 22 册）	浏览器	64	9 787513 026369
9787513026376	产业专利分析报告（第 23 册）	电池	60	9 787513 026376
9787513026383	产业专利分析报告（第 24 册）	物联网	70	9 787513 026383
9787513026390	产业专利分析报告（第 25 册）	特种光学与电学玻璃	64	9 787513 026390
9787513026406	产业专利分析报告（第 26 册）	氟化工	84	9 787513 026406
9787513026413	产业专利分析报告（第 27 册）	通用名化学药	70	9 787513 026413
9787513026420	产业专利分析报告（第 28 册）	抗体药物	66	9 787513 026420
9787513033411	产业专利分析报告（第 29 册）	绿色建筑材料	120	9 787513 033411
9787513033428	产业专利分析报告（第 30 册）	清洁油品	110	9 787513 033428
9787513033435	产业专利分析报告（第 31 册）	移动互联网	176	9 787513 033435
9787513033442	产业专利分析报告（第 32 册）	新型显示	140	9 787513 033442
9787513033459	产业专利分析报告（第 33 册）	智能识别	186	9 787513 033459
9787513033466	产业专利分析报告（第 34 册）	高端存储	110	9 787513 033466
9787513033473	产业专利分析报告（第 35 册）	关键基础零部件	168	9 787513 033473
9787513033480	产业专利分析报告（第 36 册）	抗肿瘤药物	170	9 787513 033480
9787513033497	产业专利分析报告（第 37 册）	高性能膜材料	98	9 787513 033497
9787513033503	产业专利分析报告（第 38 册）	新能源汽车	158	9 787513 033503

书　号	书　名	产业领域	定价	条　码
9787513043083	产业专利分析报告（第 39 册）	风力发电机组	70	9 787513 043083
9787513043069	产业专利分析报告（第 40 册）	高端通用芯片	68	9 787513 043069
9787513042383	产业专利分析报告（第 41 册）	糖尿病药物	70	9 787513 042383
9787513042871	产业专利分析报告（第 42 册）	高性能子午线轮胎	66	9 787513 042871
9787513043038	产业专利分析报告（第 43 册）	碳纤维复合材料	60	9 787513 043038
9787513042390	产业专利分析报告（第 44 册）	石墨烯电池	58	9 787513 042390
9787513042277	产业专利分析报告（第 45 册）	高性能汽车涂料	70	9 787513 042277
9787513042949	产业专利分析报告（第 46 册）	新型传感器	78	9 787513 042949
9787513043045	产业专利分析报告（第 47 册）	基因测序技术	60	9 787513 043045
9787513042864	产业专利分析报告（第 48 册）	高速动车组和 高铁安全监控技术	68	9 787513 042864
9787513049382	产业专利分析报告（第 49 册）	无人机	58	9 787513 049382
9787513049535	产业专利分析报告（第 50 册）	芯片先进制造工艺	68	9 787513 049535
9787513049108	产业专利分析报告（第 51 册）	虚拟现实与增强现实	68	9 787513 049108
9787513049023	产业专利分析报告（第 52 册）	肿瘤免疫疗法	48	9 787513 049023
9787513049443	产业专利分析报告（第 53 册）	现代煤化工	58	9 787513 049443
9787513049405	产业专利分析报告（第 54 册）	海水淡化	56	9 787513 049405
9787513049429	产业专利分析报告（第 55 册）	智能可穿戴设备	62	9 787513 049429
9787513049153	产业专利分析报告（第 56 册）	高端医疗影像设备	60	9 787513 049153
9787513049436	产业专利分析报告（第 57 册）	特种工程塑料	56	9 787513 049436
9787513049467	产业专利分析报告（第 58 册）	自动驾驶	52	9 787513 049467

书　号	书　名	产业领域	定价	条　码
9787513054775	产业专利分析报告（第 59 册）	食品安全检测	40	
9787513056977	产业专利分析报告（第 60 册）	关节机器人	60	
9787513054768	产业专利分析报告（第 61 册）	先进储能材料	60	
9787513056632	产业专利分析报告（第 62 册）	全息技术	75	
9787513056694	产业专利分析报告（第 63 册）	智能制造	60	
9787513058261	产业专利分析报告（第 64 册）	波浪发电	80	
9787513063463	产业专利分析报告（第 65 册）	新一代人工智能	110	
9787513063272	产业专利分析报告（第 66 册）	区块链	80	
9787513063302	产业专利分析报告（第 67 册）	第三代半导体	60	
9787513063470	产业专利分析报告（第 68 册）	人工智能关键技术	110	
9787513063425	产业专利分析报告（第 69 册）	高技术船舶	110	
9787513062381	产业专利分析报告（第 70 册）	空间机器人	80	
9787513069816	产业专利分析报告（第 71 册）	混合增强智能	138	
9787513069427	产业专利分析报告（第 72 册）	自主式水下滑翔机技术	88	
9787513069182	产业专利分析报告（第 73 册）	新型抗丙肝药物	98	
9787513069335	产业专利分析报告（第 74 册）	中药制药装备	60	
9787513069748	产业专利分析报告（第 75 册）	高性能碳化物先进陶瓷材料	88	
9787513069502	产业专利分析报告（第 76 册）	体外诊断技术	68	
9787513069229	产业专利分析报告（第 77 册）	智能网联汽车关键技术	78	
9787513069298	产业专利分析报告（第 78 册）	低轨卫星通信技术	70	